40

汉竹主编·亲亲乐读系列

怀孕40周
同步营养三餐

HUAIYUN SISHIZHOU TONGBU
YINGYANG SANCAN

曾 珊 ♥ 编著

30   10

汉竹图书微博
http://weibo.com/hanzhutushu

读者热线
400-010-8811

20

 江苏凤凰科学技术出版社 | 凤凰汉竹
全 国 百 佳 图 书 出 版 单 位

前言

　　怀孕了，体内萌发的这粒小小种子，悄然变成了孕妈妈的整个世界。孕妈妈想要给胎宝宝最好的营养，却往往苦恼于不清楚每周补什么，三餐怎么吃，该忌什么口。而在这本书中，孕期每周推荐的一日三餐，可以让孕妈妈吃得省心又放心。

　　从早晨开始，喝碗五谷杂粮粥，吃个鸡蛋，再顺手往包里装一个苹果，孕期的早餐可以简约却不简单。孕吐时，不想吃饭，不要着急，小小柠檬来帮你。切片柠檬泡水喝，酸爽的感觉不仅止呕还能开胃。照着本书做两道清爽的菜，能吃下多少是多少，吃下去的全是营养。

　　对上班族孕妈妈而言，晚餐变成了一天的"主餐"。几道营养丰富却不油腻的菜，既弥补了工作餐的营养不足，又不怕晚上吃得太油体重飙升。如果经常感到饿，还有贴心的日间和晚间加餐，让孕妈妈长胎的同时却不长肉。

　　怀孕 40 周，每周孕妈妈和胎宝宝都在变，营养需求和同步三餐也在变。只要照着本书做，无论是毫无经验的孕妈妈，还是照顾孕妈妈的家人，都不用费心研究，就能让孕妈妈在享受美食时，也能养壮胎宝宝。

孕妈妈必备 10 种关键营养素

推荐食物来源：小米

碳水化合物
提供胎宝宝所需热量

功效分析

碳水化合物，是孕妈妈获取能量最主要的来源。所有碳水化合物在体内被消化后，主要以葡萄糖的形式被吸收，为孕妈妈和胎宝宝提供热能，维持心脏和神经系统的正常活动，还具有保肝解毒的功能。大米、小米、银耳、薯类、水果等都是孕妈妈补充碳水化合物的极好食物。

每日供给量 孕期应保证每天摄入 150 克以上的碳水化合物。

叶酸
预防胎宝宝神经管畸形和唇裂

功效分析

叶酸是一种水溶性维生素，是蛋白质和核酸合成的必需因子，具有辅助 DNA 合成的作用。它还是胎宝宝神经发育的关键营养素，对预防胎宝宝神经管畸形和唇裂有重要作用。黄豆、芦笋、空心菜、小白菜、荞麦等食物都富含叶酸，孕妈妈可以常吃。

每日供给量 最好在怀孕之前 3 个月开始补充叶酸，按照每日 400 ~ 800 微克的摄取量，一直补充到怀孕后第 3 个月。

推荐食物来源：黄豆

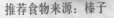
推荐食物来源：榛子

维生素 A
促进胎宝宝视力发育

功效分析

维生素 A 又名视黄醇，可促进胎宝宝视力的发育，增强机体抗病能力，益于牙齿和皮肤黏膜健康。维生素 A 还能促进准妈妈产后乳汁的分泌，同时有助于甲状腺功能的调节。猪肝、胡萝卜、西蓝花等食物中富含维生素 A。

每日供给量 怀孕初期，摄取量不建议增加，中后期推荐日摄入 800~900 微克。

维生素 B_1
胎宝宝神经功能的重要助手

功效分析

维生素 B_1 也称硫胺素，又被称为"精神性的维生素"，不但对神经组织和精神状态有良好的作用，还参与糖的代谢，对维持胃肠道的正常蠕动、消化腺的分泌、心脏及肌肉等的正常功能起重要作用。胎宝宝需要维生素 B_1 来帮助生长发育，维持正常的代谢。孕妈妈可以常吃榛子、燕麦、瘦肉等富含维生素 B_1 的食物。

每日供给量 整个孕期都要求维生素 B_1 的每日摄入量为 1.5 毫克，吃大米、面粉时选择标准米面即可。

脂肪
胎宝宝大脑发育的必需营养

推荐食物来源：核桃

功效分析

脂肪主要由甘油和脂肪酸组成，脂肪酸可分为饱和脂肪酸和不饱和脂肪酸。某些不饱和脂肪酸人体不能合成，也称为必需脂肪酸。必需脂肪酸对胎宝宝的中枢神经系统的发育、维持细胞膜的完整起着极为重要的作用。芝麻、松子、核桃、花生等是孕妈妈补充脂肪的重要食物。

荐食物来源：胡萝卜

每日供给量 孕期每天约为 60 克（包括烧菜用的植物油 25 克和其他食品中含的脂肪）。

推荐食物来源：黑芝麻

维生素 E
保胎安胎

功效分析

维生素 E 有很强的抗氧化作用，可以延缓衰老，预防大细胞性溶血性贫血，促进胎宝宝的良好发育，在孕早期常被用于保胎安胎。孕妈妈可以常吃黑芝麻、葵花子等食物补充维生素 E。

每日供给量 孕期推荐量为每日 14 毫克。孕妈妈用富含维生素 E 的植物油炒菜，即可获得充足的摄入量。

推荐食物来源：松子

钙
促进胎宝宝骨骼成长

功效分析

钙能维持胎宝宝大脑和骨骼以及机体的发育，保持孕妈妈心血管的健康，有效控制孕期炎症和水肿。豆腐、牛奶、虾等食物富含钙质，适合孕妈妈常吃。

每日供给量 以孕早期每日 800 毫克、孕中期每日 1000 毫克、孕晚期每日 1200 毫克为宜。

锌
预防胎宝宝畸形

功效分析

锌不但参与大多数的重要代谢，对提高人体的免疫功能、提高生殖腺功能也有极其重要的影响。在孕期，锌可以预防胎宝宝畸形、脑积水等病，也有助于孕妈妈顺利分娩。松子、牛肉、腰果、花生等食物都是补锌的理想食物。

每日供给量 孕期每日推荐量为 11.5～16.5 毫克，从日常的海产品、肉类、鱼类可以得到补充。

推荐食物来源：虾

推荐食物来源：猪腰

维生素 B$_2$
避免胎宝宝发育迟缓

功效分析

　　维生素 B$_2$ 又称核黄素，参与机体内三大产能营养素（蛋白质、脂肪、碳水化合物）的代谢过程，促进机体生长发育，增强记忆力，能将食物中的添加物转化为无害的物质，强化肝功能，调节肾上腺素的分泌，保护皮肤。孕妈妈可以通过常吃猪腰、鸡肝、紫菜、黑豆、茄子等食物来补充维生素 B$_2$。

每日供给量　孕期维生素 B$_2$ 的每日摄入标准是 1.7 毫克，孕期的正常饮食都能满足这个需求。

推荐食物来源：红枣

维生素 C
预防胎宝宝发育不良

功效分析

　　维生素 C 又称为抗坏血酸，能够预防坏血病，还可促进胶原组织形成，维持牙齿和骨骼的发育，促进铁的吸收，它还能增强孕妈妈的抗病能力，促进伤口愈合，并具有防癌、抗癌作用。对于胎宝宝来说，它可以预防胎儿发育不良，还可使胎儿皮肤细腻。红枣、猕猴桃、西蓝花、橙子、西红柿等果蔬中富含维生素 C，适合孕妈妈常吃。

每日供给量　孕期推荐量为每日 130 毫克。

目录
CONTENTS

第1周

♥ 宝宝变化：还没影的胎宝宝

此时的"宝宝"还只能以精子和卵子的"前体"状态，分别存于爸爸妈妈的体内。爸爸妈妈良好的备孕状态，会让即将孕育出的胎宝宝赢在起跑线上。

▶ 饮食指导：补精强卵

虽然第1周的精子和卵子还未真正结合，但孕妈妈也一定要注意营养全面、合理搭配，避免营养不良或过剩。孕妈妈要多吃含叶酸、蛋白质、铁的食物。多吃瘦肉、蛋类、鱼虾、动物肝脏、豆类及豆制品、海产品、新鲜蔬菜、时令水果。

科学研究发现，精子的生存需要优质蛋白质、钙、锌等矿物质和微量元素，精氨酸及多种维生素等。准爸爸如果偏食，饮食中缺少这些营养素，精子的生成会受到影响。准爸爸要多吃鳝鱼、鸽子、牡蛎、韭菜，少进食火腿、香肠、咸肉、腌鱼、咸菜，不要吃熏烤食品如羊肉串等，少吃罐头食品，少喝饮料。

▶ 营养重点：叶酸、蛋白质、铁

叶酸	推荐食物：黄豆、菠菜、油菜、香菇、猕猴桃、香蕉、西红柿 孕妈妈在怀孕之前3个月就应该开始补充叶酸，按照每日400~800微克的摄取量一直补充到孕后第3个月。另外，在整个孕期都要注意在饮食中摄入富含叶酸的食物。
蛋白质	推荐食物：鸡蛋、瘦肉、牛奶、豆浆 怀孕之后，孕妈妈身体的变化、血液量的增加，胎宝宝的生长发育，以及孕妈妈每日活动的能量需求，都需要从食物中摄取大量蛋白质。孕早期蛋白质要求达到每日70~75克，比孕前多15克。
铁	推荐食物：紫菜、鸭血、银耳、菠菜、葡萄干、瘦肉 怀孕期间，铁的需求达到孕前的两倍。孕早期每日至少15~20毫克。药物补铁应在医生指导下进行，过量的铁将影响锌的吸收利用。牛奶中磷、钙会与体内的铁结合成不溶性的含铁化合物，影响铁的吸收，服用补铁剂不宜同时喝牛奶。

♥ 妈妈变化：正处在月经期

　　准确地说，你还只是一位准备期的妈妈。此时的你，就算不知道自己是否会怀孕，也要持有"万一怀了呢？"的心情，保持备孕状态，避免饮用浓茶、浓咖啡和碳酸饮料，避免饮酒、吸烟及被动吸烟。

▶宜用食物排毒

　　孕妈妈现在要适当多吃一些果蔬汁、海藻类食物、豆芽和韭菜。果蔬汁所含的生物活性物质能阻断亚硝胺对人体的危害，有利于防病排毒；海带、紫菜等海藻类所含的胶质能促使体内放射性物质随大便排出；豆芽能清除体内致畸物质；韭菜的膳食纤维有助于排出毒素。

▶宜每天喝 1 杯牛奶

　　整个孕期，孕妈妈要储备约 50 克的钙，其中 30 克供给胎宝宝。而牛奶中含有吸收率高的钙，且含有维生素 A、维生素 D 等营养素，均是孕妈妈需要的。营养学家发现，孕妈妈每天喝 1 杯牛奶，会使胎宝宝的平均体重增加 41 克。因此，牛奶非常适合孕妈妈每天喝。

▶不宜偏食瘦肉

　　孕早期最好以清淡、易消化的食物为主，不宜偏食瘦肉。孕妈妈身体呈微碱状态是最适宜的。如果多吃瘦肉会使体内趋向酸性，导致胎宝宝大脑发育迟缓。孕妈妈长期偏食、挑食，可造成营养不良，影响胎宝宝发育。所以，孕妈妈除了食用瘦肉外，还应多吃新鲜蔬菜和水果，让身体达到酸碱平衡的状态。

▶孕 1 月孕妈妈指标一览表

体形	和怀孕前没有太大差别，身材和体重基本没有变化。
子宫	子宫壁变得柔软、肥厚，从外形还看不出变化。
乳房	卵巢开始分泌黄体激素，乳房稍变硬，稍微碰触会有痛感；乳头颜色变深，同时变得敏感，当然有的孕妈妈感觉不明显。
体温	排卵后，基础体温相对较高，可持续 3 周以上。
妊娠反应	大部分孕妈妈不会有明显的早孕反应，少部分出现类似感冒的症状：身体疲劳无力、发热、畏寒等。
情绪	很多孕妈妈情绪波动比较大，从兴奋、骄傲到不安、怀疑等，这些都是正常的心理反应。

第1周

排毒
三餐推荐

虽然精子和卵子还没有相遇形成受精卵，但孕妈妈的营养不可少，要多吃一些富含叶酸、蛋白质和铁的食物，如菠菜、油菜等绿叶蔬菜以及牛奶、鸡蛋和瘦肉等，为打造健壮的卵子做准备。另外要避免吃一些刺激性的食物，如冷饮、酒、咖啡、浓茶等。

早 餐

奶香麦片粥
（煮鸡蛋）

丰富的蛋白质、碳水化合物、膳食纤维和钙、锌等矿物质，能为孕妈妈迅速补充能量。

原料：大米 30 克，牛奶 150 毫升，麦片、白糖各适量。

做法：❶大米在水中浸泡 30 分钟。❷锅中加入水，放入泡好的大米，大火煮沸后转小火，煮至米粒软烂黏稠。❸再倒入牛奶，煮沸后加入麦片、白糖，拌匀即可。

这样吃更健康 麦片不宜长时间高温煮，以防止维生素被破坏。

食材可替换 早餐还可以用粗粮面包代替奶香麦片粥，既补充膳食纤维，还获得了充足的 B 族维生素。

午 餐

香菇油菜
（米饭、肉丝豆芽汤）

香菇油菜营养丰富，是孕妈妈增强身体抵抗力、补充叶酸的绝佳素炒。

原料：油菜 250 克，干香菇 6 朵，盐、植物油各适量。

做法：❶油菜洗净，切段，梗叶分置；干香菇泡开去蒂，切块。❷油锅烧热，下油菜梗炒至六七成熟，再下油菜叶同炒几下。❸放入香菇和适量水，烧至菜梗软烂，调入盐即可。

这样吃更健康 不要吃过夜的炒油菜，炒油菜过夜后，会造成亚硝酸盐沉积，引起身体不适。

食材可替换 油菜也可与虾仁搭配炒食，虾仁中的钙和蛋白质可以补充孕妈妈身体的营养需求。

日间加餐

紫菜包饭

紫菜中碘、钙、铁的含量高，孕妈妈多吃含碘的紫菜，有助于养护子宫和卵巢。

原料： 糯米 50 克，鸡蛋 1 个，紫菜、黄瓜、沙拉酱、醋、火腿各适量。

做法： ❶黄瓜洗净，切条，加醋腌制30 分钟；糯米蒸熟，倒入醋，拌匀；鸡蛋打散，将鸡蛋摊成饼，切丝；火腿切成条。❷将糯米平铺在紫菜上，再摆上黄瓜条、鸡蛋丝、火腿条，刷上沙拉酱，卷起，切厚片即可。

(这样吃更健康) 胃肠不适的孕妈妈不宜过多食用糯米，可改用大米代替。

(食材可替换) 除了用糯米做饭外，还可以将糯米、红豆、糙米混合打成米糊喝，口感糯滑。

晚餐

肉末炒菠菜

（米饭、西红柿鸡蛋汤）

菠菜富含叶酸、铁，同时含有膳食纤维，帮助孕妈妈补充所需要营养。

原料： 瘦肉 50 克，菠菜 200 克，植物油、盐、白糖、芝麻油、水淀粉各适量。

做法： ❶瘦肉洗净剁末；菠菜洗净切段。❷菠菜入沸水焯熟，捞起沥干水。❸油锅烧热，放瘦肉末、菠菜段翻炒均匀。❹调入盐和白糖，炒匀，用水淀粉勾芡，淋上芝麻油。

(这样吃更健康) 菠菜一次不宜食用过多，烹饪之前最好先用开水焯一下，可去除草酸。

(食材可替换) 菠菜还可用油菜、青菜代替，不同的蔬菜，同样的营养补充效果。

晚间加餐

银耳花生汤

银耳含维生素 D，可促进钙的吸收。准妈妈经常服用此汤，不仅可以滋补脾胃，还能为胎宝宝的发育储存充足能量和营养。

原料： 银耳 5 朵，花生仁 10 颗，红枣 4 颗，白糖适量。

做法： ❶银耳用温水泡开，去根洗净；红枣去核。❷锅中注入清水，煮开，放入花生仁、红枣同煮，待花生仁煮熟时，放银耳同煮 15 分钟，加白糖调味即可。

(这样吃更健康) 银耳花生汤有清热降火、滋补脾胃的作用，最适宜孕妈妈夏天喝。

(食材可替换) 如果孕妈妈有上火症状，也可在汤中加少量去芯莲子。

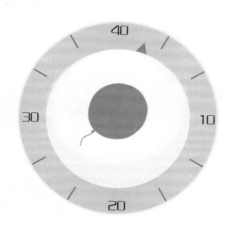

第2周

♥ 宝宝变化：卵子与精子都准备好了

月经结束了，孕妈妈的体内悄悄释放出一枚发育成熟的卵子。这枚卵子在孕妈妈的身体里安静地等待精子的到来。而孕爸爸体内的精子也已经准备好了，等待着和卵子相遇的那一刻。

▶饮食指导：多摄取优质蛋白质

对于孕妈妈来说，这一时期蛋白质的摄取不仅要充足还要优质，每天在饮食中应摄取 70~75 克，为后面受精卵的正常发育做储备。保证每周吃 1~2 次鱼，每天 1~2 个鸡蛋、200 毫升牛奶和 100~200 克瘦肉，既保证了摄入量，又通过合理搭配让摄入的蛋白质更优质。

▶营养重点：蛋白质、碘、铁

蛋白质	推荐食物：鸡蛋、瘦肉、牛奶、豆浆 一般来说，每周吃 1~2 次鱼或者虾、干贝等海产品，每天保证 1~2 个鸡蛋、200 毫升牛奶和 100~200 克肉类的摄入，再吃点花生、核桃等零食，就能保证每天的蛋白质需求。
碘	推荐食物：海带、带鱼、紫菜 孕期碘的摄入量应为每日 175 微克，相当于每日使用 6 克碘盐。孕妈妈如果缺碘，会使胎宝宝甲状腺素合成不足，使大脑皮层中分管语言、听觉和智力的部分发育不全，还可造成流产、先天畸形等不良后果。
铁	推荐食物：猪肝、葡萄干、瘦肉、银耳 铁质分植物性与动物性两大类，本周孕妈妈可吃一次猪肝（不超过 50 克），结合每日摄入瘦肉、鱼类中的铁，即可满足身体对铁的需求。

营养师有话说

孕妈妈如果出现情绪低落、容易疲劳、失眠多梦、消化不良、身体瘦弱、免疫力低下等状况，就要引起注意了，这往往是身体缺乏蛋白质的表现。应该及时检查，确认是缺乏蛋白质，如果缺乏，应及时补充。否则不仅对孕妈妈自身的健康不利，也对胎宝宝的生长发育不利。

♥ 妈妈变化：开始进入排卵期

孕妈妈在本周周末开始进入排卵期。有一个卵细胞发育成熟，并释放出来，准备与精子结合。而卵子一般在排出后15~18小时受精效果最好。在计算好了排卵期后，孕妈妈就可以及时做好受孕的准备了。

▶ 宜每天 1 根香蕉

香蕉含有丰富的叶酸和维生素 B_6，叶酸、维生素 B_6 的储存是保证胎宝宝神经管的正常发育，避免严重畸形发生的关键性物质。此外，香蕉中所含的维生素 B_6 对早孕反应还有一定的缓解作用。因此，孕妈妈最好每天能吃 1 根香蕉。

▶ 不宜多喝茶

茶叶中的鞣酸，可以和食物中的铁元素结合成一种不能被吸收的复合物。孕妈妈过多饮用浓茶，有引起贫血的可能。

▶ 不宜早餐吃油条

每吃两根油条就等于吃进去 3 克明矾，孕妈妈要改掉早餐吃油条的习惯。因为炸油条使用的明矾含有铝，铝可以通过胎盘进入胎宝宝大脑，影响智力发育。

▶ 不宜多吃零食

适量吃零食是允许的，但最好选用一些水果、坚果，如核桃、花生、黑芝麻等食物，少吃高脂肪、高糖分、高热量的零食，如巧克力、炸薯条、重油蛋糕、奶油面包等。这些食物往往还含有人工色素等添加剂，不利于孕妈妈和胎宝宝的健康。

成熟的香蕉皮颜色鲜黄光亮、两端带青，但不宜久放，所以一次不要买太多。

第 **2** 周

开胃
三餐推荐

卵子发育成熟，孕妈妈在饮食上要保证蛋白质、碘、铁等营养素的充足供给，多吃一些水果，如香蕉、草莓、橙子和橘子。每天1根香蕉或1个橙子、橘子，或100克草莓就够了。

燕麦南瓜粥
（豆包）

燕麦富含蛋白质、矿物质和维生素，还含有一种燕麦精，具有谷类特有的香味，能刺激食欲，特别适合孕妈妈食用。

原料：燕麦30克，大米30克，南瓜150克。

做法：❶南瓜洗净削皮，去瓤，切成小块；大米洗净，浸泡半小时。❷将大米放入锅中，加水适量，大火煮沸后换小火煮20分钟。❸然后放入南瓜块，小火煮10分钟。❹再加入燕麦，继续用小火煮10分钟。

（这样吃更健康）肠道敏感的孕妈妈不宜吃太多燕麦，以免引起腹泻。

（食材可替换）　不适合吃燕麦的孕妈妈，可以用糙米代替，也可以提供孕期所需的营养素。

牛肉饼
（海鲜炒饭、菠菜鱼片汤）

牛肉含有丰富的蛋白质和铁，孕妈妈可以常吃。

原料：牛肉末100克，面粉100克，鸡蛋1个，葱花、姜末、料酒、盐、香油、植物油各适量。

做法：❶牛肉末加葱花、姜末、盐、料酒、香油，打入鸡蛋，搅拌均匀。❷面粉加水和成面团，擀成饼，放上一层牛肉馅，放平底锅煎熟，卷起切小段即可。

（这样吃更健康）肝肾功能不好的孕妈妈一次不要吃太多牛肉。

（食材可替换）　牛肉馅加胡萝卜、香葱做成饺子，可以让孕妈妈获取的营养更全面。

日间加餐

火腿奶酪三明治

奶酪中含有丰富的蛋白质、钙、脂肪、磷和维生素等营养成分，面包易于消化吸收，可为孕妈妈提供丰富的营养素和能量。

原料： 面包1个，生菜叶1片，西红柿1/2个，奶酪、火腿各适量。

做法： ❶生菜叶洗净；西红柿洗净切片；火腿切片。❷面包横切两半，在面包上依次铺上生菜、西红柿、奶酪、火腿片即可。

（这样吃更健康）奶酪热量较高，多吃容易发胖，可以选用低脂奶酪。

（食材可替换）如果没有奶酪，吃三明治的同时补充一杯牛奶也是非常好的选择。

晚 餐

什锦西蓝花

（米饭、芥菜干贝汤）

西蓝花富含的维生素C、铁、叶酸、钙等，是胎宝宝健康发育的重要营养保证。

原料： 西蓝花、菜花各100克，胡萝卜100克，盐、白糖、醋、香油各适量。

做法： ❶西蓝花和菜花洗净，切成小朵；胡萝卜洗净，去皮、切片。❷将全部蔬菜放入温水中焯熟透，盛盘，加盐、白糖、醋、香油拌匀即可。

（这样吃更健康）食用时也可以淋少量橄榄油代替香油，以补充不饱和脂肪酸。

（食材可替换）西蓝花还可以同木耳、彩椒一起凉拌食用。

晚间加餐

牛奶

（面包）

牛奶含钙丰富，而且容易被吸收，是孕妈妈最理想的补钙"法宝"。除了钙之外，牛奶中的磷、钾、镁等矿物质的含量也较为均衡。

（这样吃更健康）在傍晚或睡前半小时喝一杯牛奶，可以改善孕妈妈的睡眠。鲜奶最好高温加热后再喝，不要在牛奶中添加果汁。

（食材可替换）乳糖不耐受的孕妈妈可以替换喝酸奶。

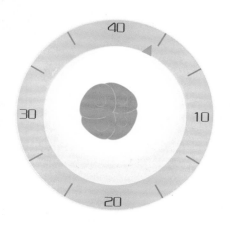

第**3**周

♥ 宝宝变化：精子和卵子相遇

　　成熟的卵子从卵泡中排出，而有一个最棒的精子也从数千万甚至高达 2 亿左右个精子中奋力拼出，与卵子结合，形成受精卵。受精卵一边分裂增殖，一边经输卵管移至子宫，准备着床，新生命开始在孕妈妈的体内孕育。

▶ 饮食指导：补充多种维生素

　　补充多种维生素有助于孕妈妈预防多种疾病。孕妈妈多食用一些水果，如橙子、猕猴桃等，补充维生素 C，可以提高身体抵抗力，减少患病发热的可能，为幼嫩的胚胎提供良好的生长发育环境。

▶ 营养重点：维生素 C、维生素 E、维生素 B_{12}

	推荐食物：猕猴桃、橙子、西红柿、香蕉、甜椒
维生素 C	保证维生素 C 的摄入，可以提高孕妈妈的身体抵抗力。怀孕期间缺乏维生素 C，不仅影响孕妈妈对铁的吸收，出现孕期贫血，还会引发牙龈肿胀出血、牙齿松动，并影响胎宝宝对铁的吸收，出现新生儿先天性贫血及营养不良。孕期推荐量为每日 130 毫克。
	推荐食物：植物油、黑芝麻、猕猴桃、核桃、葵花子、小麦胚芽
维生素 E	维生素 E 是所有具有生育酚生物活性的色酮衍生物的统称，有很强的抗氧化作用，可以延缓衰老，预防大细胞性溶血性贫血，促进胎宝宝的良好发育，在孕早期常被用于保胎安胎。孕期推荐量为每日 14 毫克。孕妈妈用富含维生素 E 的玉米油炒菜，即可获得充足的摄入量。
	推荐食物：牛肉、猪肝、牛奶、猪肠、鱼类
维生素 B_{12}	维生素 B_{12} 只存在于动物食品中，其中肉和肉制品是主要来源，尤其是牛肉和动物内脏，海产品如鱼类等，以及牛奶、鸡蛋、干酪中含量也很丰富。孕期推荐量为每日 2.6 毫克，每日 1 杯牛奶（200 毫升）加富含维生素 B_{12} 的膳食即可满足需要。

♥ 妈妈变化：还未察觉到怀孕了

在这一时期，孕妈妈自身可能还没有什么感觉，但在你的身体内却在进行着一场变革。从现在开始，孕妈妈和准爸爸的生命中就会增加一份责任，你们的生活习惯也要进行一番调整。因为，胎宝宝的健康成长从此与你们息息相关。

▶宜吃天然酸味食物

不少孕妈妈在孕早期嗜好酸味的食物，但一定要注意不宜多吃。由于孕早期胎宝宝耐酸度低，母体摄入过量加工过的酸味食物，会影响胚胎细胞的正常分裂增生，诱发遗传物质突变，容易导致畸形。可以改吃天然的酸味食物，如西红柿、樱桃、橘子、石榴等。

▶不宜食用易过敏的食物

过敏体质的孕妈妈，要避免食用虾、蟹、贝壳类食物及辛辣刺激性食物。因为孕妈妈在孕期不宜服用抗过敏药物，所以过敏体质的孕妈妈食用这类食物时一定要慎重。

▶不宜吃热性香料

八角、茴香、花椒、桂皮、五香粉、辣椒粉等调味品都属于热性香料，具有刺激性，很容易消耗肠道水分，使胃肠腺体分泌减少，加重孕期便秘。

▶推算预产期的方法

一旦确定怀孕，下一个问题肯定是"宝宝什么时候出生"。那么，宝宝的预产期怎么推算呢？

预产期的计算公式

月份 = 末次月经月份 − 3（相当于第二年的月份）或 + 9（相当于本年的月份）

日期 = 末次月经日期 + 7（如果得数超过 30，减去 30 后得出的数字就是预产期的日期，月份则延后 1 个月）

第3周

调养
三餐推荐

受精卵在子宫腔着床后开始迅速发育，对各种营养素的需求逐渐增多。孕妈妈此时应该多吃富含优质蛋白质的食物，并多吃新鲜水果，尤其要保证维生素C的摄入，以提高孕妈妈的抵抗力，同时还要继续坚持补充叶酸。

早餐

莲子芋头粥
（花卷）

莲子含有丰富的蛋白质、碳水化合物及维生素C，适于孕早期孕妈妈食用，有很好的安胎作用。

原料： 糯米50克，莲子、芋头各30克，白糖适量。

做法： ❶将糯米、莲子洗净，莲子泡软；芋头去皮，洗净。❷将莲子、糯米、芋头一起放入锅中，加适量水同煮，粥熟后加入少量白糖即可。

这样吃更健康 便秘的孕妈妈不宜吃莲子芋头粥。

食材可替换 在打米糊时，也可以加些莲子，会使米糊清香四溢。

午餐

甜椒炒牛肉
（米饭、奶酪蛋汤）

甜椒富含维生素C，牛肉含有丰富的蛋白质和维生素E，对强健孕妈妈和胎宝宝的身体很有益处。

原料： 牛里脊肉100克，甜椒200克，姜丝、蛋清、盐、料酒、酱油、甜面酱、干淀粉、植物油各适量。

做法： ❶牛里脊肉洗净切丝，加盐、蛋清、料酒、干淀粉拌匀。❷甜椒洗净后切丝；酱油、干淀粉调成芡汁。❸将牛肉丝入油锅炒散，放入甜面酱、甜椒丝、姜丝炒香，勾入芡汁，翻炒均匀即可。

这样吃更健康 咽喉肿痛的孕妈妈不宜多吃甜椒。

食材可替换 牛里脊肉单独炒好以后，煮面条时，可以在面条的汤里放一些，一点都不油腻。

日间加餐	晚餐	晚间加餐

全麦吐司面包

全麦吐司面包中所含有的硒等微量矿物质，能够帮助孕妈妈缓解焦躁的情绪。

这样吃更健康 全麦吐司面包中的碳水化合物有助于增加血清素，孕妈妈在睡前 2 小时吃有助于睡眠。

黑芝麻圆白菜

（西红柿菠菜面、五彩虾仁）

圆白菜富含维生素 C，孕妈妈常吃可以促进胎宝宝的健康发育。

原料： 圆白菜 200 克，黑芝麻 30 克，盐、植物油各适量。

做法： ❶用小火将黑芝麻不断翻炒，炒出香味时出锅；圆白菜洗净，切粗丝。❷油锅烧热，放入圆白菜，翻炒几下，加盐调味，炒至圆白菜熟透发软即可出锅盛盘，撒上黑芝麻拌匀。

这样吃更健康 炒的时间尽量不要太久，否则营养流失较多。

香菇蛋花粥

香菇含有丰富的 B 族维生素和钾、铁等营养元素，有助提高抵抗力，并有开胃的作用。

原料： 大米 80 克，干香菇 3 朵，鸡蛋 2 个，虾米、植物油各适量。

做法： ❶干香菇泡好，去蒂，切片；鸡蛋打成蛋液；大米洗净。❷油锅烧热，放入香菇、虾米，大火快炒至熟，盛出。❸将大米放入锅内，加入适量清水，大火煮至半熟，倒入炒好的香菇、虾米，煮熟后淋入蛋液，稍煮即可。

这样吃更健康 过量浸泡和洗涤香菇会破坏其有效营养成分。

食材可替换 可以用苏打饼干替换，苏打饼干中的膳食纤维能起到顺利消化的作用，但不能多吃。

食材可替换 圆白菜除了素炒，还可以与瘦肉一起炒，营养成分更均匀。

食材可替换 可以在加了香菇的粥中加些瘦肉，口感绵软柔滑，孕妈妈常吃可以预防妊娠期贫血。

第 **4** 周

♥ 宝宝变化: 受精卵着床

受精卵在输卵管中行进 4 天后到达子宫腔, 然后在子宫腔内停留 3 天左右, 等子宫内膜准备好了, 便在那里找个合适的地方埋进去, 这就叫做"着床"。此时的胎宝宝还只是一个小小的胚胎。

▶ 饮食指导: 补充卵磷脂, 促进胎宝宝大脑及神经发育

充足的卵磷脂是脑发育不可少的物质, 它可提高信息传递的速度和准确性, 是胎宝宝非常重要的益智营养素。对处于形成和发育阶段的胎宝宝大脑来说, 具有不可替代的作用。卵磷脂每日的摄取量以 500 毫克为宜。

▶ 营养重点: 卵磷脂、维生素 B₆、蛋白质

卵磷脂	推荐食物: 蛋黄、黄豆、牛奶、动物肝脏
	日常生活中多吃蛋黄、豆浆、豆腐、鱼头和动物肝脏, 这些都是卵磷脂的食物来源。尤其是吃鱼头汤时, 既要吃肉也要喝汤。
维生素 B₆	推荐食物: 谷物、花生、蔬菜、鸡蛋、鱼、肉
	妊娠期间胎宝宝的生长发育、孕妈妈的生理调整、激素分泌变化等需要消耗更多的维生素 B₆。蛋白质摄入的增加应同时增加维生素 B₆ 的摄入, 因准妈妈摄入的维生素 B₆ 易通过胎盘而集中于胎儿血中, 其含量高于母血 3 倍, 如缺乏维生素 B₆, 孕妈妈会出现恶心、呕吐等症状。
蛋白质	推荐食物: 豆腐、鸡蛋、牛奶、瘦肉、鱼、虾
	孕妈妈有时不想吃肉, 可以通过食物互补的方法来满足身体对蛋白质的需求, 将豆类和谷类混合食用, 比如馒头配豆浆, 其蛋白质营养与牛肉接近。

营养师有话说

卵磷脂是细胞膜的组成部分, 它能够保障大脑细胞膜的健康和正常运行, 保护脑细胞健康发育。然而卵磷脂有个缺点, 就是不耐热, 其活性在 25℃ 左右最有效, 高于 50℃, 就会丧失其功能。所以, 这就对准爸爸的烹饪技术有所要求了, 一定要把温度控制在 50℃ 内, 如有特殊需求的准妈妈, 也可以遵从医嘱, 服用富含卵磷脂的保健品。

♥ 妈妈变化：可能会"感冒"

　　孕妈妈的子宫内膜变得肥厚松软而且富有营养，为受精卵的着床做好了准备。一旦受精卵着床，子宫便开始慢慢长大。有些孕妈妈可能会出现类似感冒的症状，这时候可不要因大意而随便用药。

▶宜适量吃豆类食物

　　豆类食品不仅含有丰富的优质蛋白，还含有人体必需的8种氨基酸，其中谷氨酸、天冬氨酸、赖氨酸的含量更是大米的6~12倍，可谓是食物中的"脑白金"。而且豆类食品富含卵磷脂，不含胆固醇，是不折不扣的健脑食品，非常有助于胎宝宝的发育。

▶不宜吃大补食物

　　人参、蜂王浆等滋补品含有较多的激素，孕妈妈滥用这些滋补品会干扰胎宝宝的生长发育，而且滋补品吃得过多会影响正常饮食营养的摄取吸收，引起人体整个内分泌系统的紊乱和功能失调。

▶不宜贪吃冷饮

　　孕妈妈多吃冷饮会使胃肠道血管突然收缩，胃液分泌减少，消化功能降低，导致消化不良、没有食欲、腹泻等症状。

▶不宜多喝碳酸饮料

　　怀孕期间，孕妈妈和胎宝宝对铁的需求量，比任何时候都要多。因为碳酸饮料中的磷酸盐进入肠道后，能与食物中的铁发生化学反应，形成难以被人体吸收的物质。如果孕妈妈多喝可乐、汽水等碳酸饮料，更容易导致缺铁性贫血，影响胎宝宝和自身的健康。

　　同时，有些碳酸饮料中含有大量的钠，如果孕妈妈经常喝，会加重妊娠水肿。

水煮鸡蛋的营养价值和消化吸收率最高，孕妈妈吃的时候要注意细嚼慢咽。

第4周

健脑
三餐推荐

进入第4周，孕妈妈虽然还没有明显的感觉，但胎宝宝已经在悄然孕育着了。孕妈妈应该及时通过食物补充卵磷脂、维生素和蛋白质，以及继续补充叶酸，为胎宝宝的大脑和神经系统发育打下坚实的营养基础。

早餐

黑芝麻黄豆粥
（苹果）

黑芝麻和黄豆都含有较为丰富的叶酸、卵磷脂，同时黄豆中蛋白质占35%，脂肪占20%。

原料： 大米50克，黄豆20克，黑芝麻20克。

做法： ❶黄豆洗净后浸泡2小时；大米淘净后，浸泡1小时。❷将大米、黄豆放入锅中，加适量水煮粥，煮至黄豆软烂，再加入黑芝麻搅拌均匀即可。

（这样吃更健康）黄豆易产气造成腹胀，孕妈妈每日吃约20~25克为宜。

食材可替换 如果没有黄豆，也可以用黑豆代替，同样达到补益效果。

午餐

红枣鸡丝糯米饭
（海带豆腐汤、松子爆鸡丁）

这道主食中含有丰富的蛋白质、铁和维生素，能够为胎宝宝的健康发育提供充足的营养。

原料： 糯米150克，鸡肉100克，红枣8颗。

做法： ❶鸡肉洗净，切丝；红枣洗净；糯米洗净，浸泡2小时。❷将糯米、鸡肉、红枣放入碗中，加适量清水，隔水蒸熟即可。

（这样吃更健康）孕妈妈腹胀、腹泻时适合吃糯米饭。

食材可替换 鸡肉可以与蔬菜一起炒食，也可以用整只鸡来炖汤，食用时吃肉喝汤。

日间加餐

牛奶馒头

牛奶馒头富含蛋白质、碳水化合物、维生素及钙、铁、磷、钾、镁等矿物质，有养心益肾、健脾厚肠、除热止渴的功效，可帮孕妈妈补充能量。

原料： 面粉 200 克，牛奶 150 毫升，白糖、发酵粉各适量。

做法： ❶面粉中加牛奶、白糖、发酵粉搅拌成絮状。❷把絮状面团揉光，放置温暖处发酵 1 小时。❸发好的面团用力揉至光滑，使面团内部无气泡；搓成圆柱，切成小块，放入蒸笼里，蒸熟即可。

（这样吃更健康）孕妈妈孕前血糖就偏高，则不宜在蒸馒头时加白糖。

（食材可替换） 把面粉换成玉米面，做成粗粮馒头，能使孕妈妈吃得更健康。

晚餐

蔬菜虾肉饺

这道主食中含有丰富的蛋白质、卵磷脂和 B 族维生素，能够为胎宝宝的健康发育提供充足的营养。

原料： 饺子皮 15 个，瘦肉 150 克，干香菇 3 朵，虾 5 只，玉米粒 50 克，胡萝卜 1/4 根，盐、泡香菇水各适量。

做法： ❶胡萝卜去皮洗净，切小丁；干香菇泡发后切小丁；虾肉洗净，切丁。❷将瘦肉和胡萝卜一起剁碎，放入香菇丁、虾丁、玉米粒，加入盐、泡香菇水，搅拌均匀制成肉馅。❸包饺子，然后煮熟即可。

（这样吃更健康）饺子馅应尽量剁得细细的，这样便于咀嚼。

（食材可替换） 用木耳、鸡蛋、胡萝卜做成的三鲜饺子也很美味。

晚间加餐

蛋黄莲子汤

蛋黄里蛋白质、卵磷脂的含量都很丰富，经常吃会使胎宝宝更聪明，很适合孕妈妈吃。

原料： 鸡蛋 1 个，莲子 10 颗，冰糖适量。

做法： ❶莲子洗净，加 3 碗水，大火煮开后转小火煮 20 分钟，加入冰糖调味。❷鸡蛋打开后取出蛋黄，放入莲子汤中煮熟就可以了。

（这样吃更健康）不去芯的莲子营养价值更好，不过会有一点苦寒。

（食材可替换） 可以用雪梨代替莲子，红枣代替鸡蛋，做一碗雪梨红枣汤，很适合孕妈妈秋季食用。

第 5 周

♥ 宝宝变化：只有苹果子那么大

孕妈妈肚子里的胎宝宝，现在还是一个小胚胎，大约长 4 毫米，重量不到 1 克，就像苹果子那么大，不过胎宝宝身体的各个器官正处在快速分化中。

▶ 饮食指导：多吃含糖粗粮

妊娠早期，由于血糖偏低、进食不足产生酮体，孕妈妈易发生食欲缺乏、轻度恶心和呕吐，这时可以多吃粗粮等含糖较多的食物，以提高血糖、降低酮体。在这段时期宜多吃鱼，因为鱼营养丰富，滋味鲜美，易于消化，特别适合妊娠早期食用。

▶ 营养重点：叶酸、蛋白质、锌

叶酸	推荐食物：猕猴桃、香蕉、胡萝卜、西红柿、牛肉、核桃
	在胎宝宝神经系统形成和发育的关键时期，孕妈妈千万不能松懈对叶酸的补充，每天的摄入量与上一个月保持一致即可（即每天 400~800 微克）。
蛋白质	推荐食物：鸡蛋、牛奶、瘦肉、鱼、芹菜
	蛋白质每天的摄入量和前一个月一样，以 70~75 克为宜，这一时期，对蛋白质的需求，不必刻意追求一定的数量，但要保证质量。今天想吃就多吃一点，明天不想吃就少吃一点，这也没有关系。
锌	推荐食物：松子、牛肉、腰果、糙米、燕麦、海参
	孕妈妈缺锌会影响胎宝宝的大脑发育。在本月，胎宝宝的大脑和神经系统快速发育，补锌就显得尤为重要，可以通过多吃富含锌元素的食物来补充所需要的锌量。孕期锌的摄入量以每天 11.5~16.5 毫克为宜。

♥ 妈妈变化：怀孕的重要信号——停经

这一周，孕妈妈会发现月经不来了，如果不细心留意，孕妈妈可能想不到这是胎宝宝到来的信号。除了停经，孕妈妈还会出现嗜睡、呕吐、头晕、乏力、食欲缺乏等多种身体不适的现象。

▶宜坚持吃健康早餐

如果不吃早餐，很容易引起低血糖，后果严重的会引起头晕。如果是孕早期，还有可能造成流产。所以为了自己和胎宝宝的健康，孕妈妈要坚持吃健康的早餐。再者，只要时间安排合理，孕妈妈也可以自己动手做自己爱吃的健康早餐。可以提前一天准备食材，第二天就能吃到亲手做的健康早餐了。

▶宜常吃核桃

核桃富含不饱和脂肪酸、蛋白质、膳食纤维、维生素、盐酸、铁等，对胎宝宝的大脑、视网膜、皮肤和肾功能的健全都有十分重要的作用。因此，孕妈妈孕早期可以适量吃些核桃，用它当零食或煮粥都是不错的选择。

▶不宜过量吃菠菜

菠菜富含叶酸，但草酸的含量也多，草酸会干扰人体对锌、硒、钙等微量元素的吸收，会对孕妈妈和胎宝宝的健康带来危害。如果缺锌，会使孕妈妈没有食欲、味觉下降；如果缺钙，会使孕妈妈睡眠不好、乏力、腰酸背痛等。所以孕妈妈不要过量吃菠菜等富含草酸的蔬菜。食用前也最好用开水焯烫一下。

▶孕2月孕妈妈指标一览表

体形	外表看不出有什么变化，但体内的小生命正在快速发育。
子宫	子宫增大到鹅蛋般大小，阴道分泌物增多。
乳房	乳房增大明显，乳头颜色渐渐变深，变得更加敏感。
体温	基础体温持续在稍高一点的水平。
妊娠反应	多数孕妈妈开始出现恶心、呕吐、食欲缺乏等妊娠反应。
情绪	常会感到困倦、疲劳、急躁、烦闷。

第**5**周

开胃
三餐推荐

胎宝宝身体的各个器官正处在快速分化中，而很多孕妈妈从本周开始，由于体内雌激素变化，胃肠蠕动减慢，会有不同程度的恶心、呕吐。为了不影响对营养素的摄取，孕妈妈可以通过适量运动、多呼吸新鲜空气、食物花样翻新、能吃就吃、少量多餐等多种方式来提高食欲。

牛奶核桃粥
（煮鸡蛋）

核桃仁富含钙、锌、钾、磷脂等营养素，与同样营养丰富的牛奶搭配，营养更全面，很适合孕妈妈在孕吐期食用。

原料：大米 50 克，核桃仁 2 颗，牛奶 150 毫升，白糖适量。

做法：❶大米淘洗干净，加入适量水，放入核桃仁，大火烧开后转中火熬煮 30 分钟。❷倒入牛奶，煮沸后调入白糖即可。

（这样吃更健康）血糖异常的孕妈妈吃就不要放白糖了。

食材可替换 煮大米粥时，也可以加一些水果丁，这样口感更好，还能缓解孕吐。

糖醋莲藕
（米饭、番茄烩土豆）

莲藕有止血、止泻功效，有利保胎，防止流产。其富含的铁元素，有助于孕妈妈补益气血。

原料：莲藕 1 节，料酒、盐、白糖、醋、香油、植物油、葱花、彩椒丝各适量。

做法：❶将莲藕去节、削皮，粗节一剖两半，切成薄片，用清水漂洗干净。❷油锅烧热，下葱花略煸，倒入藕片翻炒，加入料酒、盐、白糖、醋，继续翻炒，待藕片熟透，淋入香油，点缀彩椒丝即成。

（这样吃更健康）孕妈妈食用藕身中的段节还能改善气色。

食材可替换 将整条莲藕的一头切开，塞入糯米，再用切下的莲藕盖上，入锅煮熟就可以了。

日间加餐

奶酪手卷

紫菜中含碘,奶酪中富含蛋白质、叶酸,这道加餐能很好地补充孕妈妈所需的营养素。

原料: 紫菜和奶酪各1片,糯米饭、生菜、西红柿、沙拉酱各适量。

做法: ❶生菜洗净;西红柿洗净切片。❷铺好紫菜,再将糯米饭、奶酪、生菜、西红柿依序摆上,淋上沙拉酱并卷起即可。

(这样吃更健康) 沙拉酱能量较高,孕妈妈应尽可能少吃。

晚 餐

南瓜牛腩饭
(油菜蘑菇汤、西芹炒百合)

吃南瓜有助于孕妈妈孕吐后恢复食欲,肉香中混合着南瓜淡淡的甜香,非常适合胃口不佳的孕妈妈食用。

原料: 牛肉150克,南瓜1块,米饭1碗,胡萝卜、高汤、盐各适量。

做法: ❶南瓜、胡萝卜分别去皮洗净,切丁;牛肉洗净,切丁。❷将牛肉用高汤煮至八成熟,加入南瓜丁、胡萝卜丁、盐,煮至全部熟软,浇在米饭上即可食用。

(这样吃更健康) 孕妈妈尽量选择瘦的牛肉食用。

晚间加餐

腰果

腰果是补锌的重要坚果之一,而且富含蛋白质和维生素,对胎宝宝的智力发育很有帮助,孕妈妈日常可以当小零食吃。

(这样吃更健康) 腰果含油脂丰富,所以不能多吃,肝功能不良和痰多的孕妈妈更要慎吃。

(食材可替换) 其中的蔬菜也可以替换为黄瓜片、胡萝卜片等,也可以用酸奶代替沙拉酱。

(食材可替换) 牛肉也可以用鸡肉代替,鸡肉肉质细嫩,容易消化。

(食材可替换) 就像花生一样,腰果还能入菜,可以和虾仁、鸡丁、芹菜等搭配炒着吃。

第 **6** 周

♥ 宝宝变化：小心脏开始跳动

胎宝宝身长 0.6 厘米，重 2~3 克，已经有一粒小松子仁那么大了。头和躯干已经能分辨清楚了，长长的尾巴逐渐缩短。新生命的各部分正在紧张筹备中。胎宝宝的心脏长出心室，并且开始跳动，心脏、血管开始向全身供血。

▶饮食指导：补充碳水化合物，为胎宝宝提供能量

碳水化合物是人体获取能量的重要来源，在体内被消化后以葡萄糖的形式被吸收。碳水化合物为胎宝宝的生长发育提供热量，维持心脏和神经系统的发育和正常活动。因此，孕早期应保证每日至少 150 克的碳水化合物，才能满足孕妈妈及胎宝宝的正常需要。

▶营养重点：碳水化合物、碘、蛋白质

碳水化合物	推荐食物：谷物、薯类、水果、糖 充足的碳水化合物不仅具有保肝解毒的功能，还可以防止孕妈妈因低血糖造成晕倒等意外。但也不能补充过量，尤其是单糖、葡萄糖、果糖，特别是血糖异常的孕妈妈更要注意。
碘	推荐食物：海带、海鱼、紫菜 碘是甲状腺素的组成部分，甲状腺素能促进蛋白质的生物合成，促进胎宝宝脑神经发育。含碘丰富的食物以海产品为代表，孕妈妈可以适当增加。
蛋白质	推荐食物：核桃、榛子、鱼、瘦肉、鸡蛋、牛奶 孕妈妈可以随身带或在办公室放一些核桃、榛子、腰果等坚果类的零食，随时吃几粒，有助于补充蛋白质，利于胎宝宝大脑发育。

营养师有话说

碘遇热易升华，加碘食盐应存放在密闭容器中，于阴凉处保存。炒菜时，菜熟后再加入碘盐。食用海带先洗后切，能减少碘的流失。由于孕前和孕早期对碘的需要相对较多，除摄入碘盐外，还建议至少每周摄入一次富含碘的海产食品，如海带、紫菜、鱼、虾等。

♥ 妈妈变化：变"懒"了

　　胎宝宝在发育，孕妈妈一个人的身体要负担两个人的生理活动，会时常感到困倦、慵懒，这是正常的生理现象，不必担心。只要稳定情绪、身心放松、充分休息，就能顺利度过这段时期。

▶ 宜每天吃 1 个苹果

　　在孕早期，孕妈妈的妊娠反应比较严重，口味比较挑剔。这时候不妨吃个苹果，不仅可以生津止渴、健脾益胃，还可以有效缓解孕吐。研究证明，苹果还有缓解不良情绪的作用，对遭受孕吐折磨、心情糟糕的孕妈妈有安心静气的好处。孕妈妈吃苹果时要细嚼慢咽，或将其榨汁饮用，每天 1 个即可。

▶ 宜每周吃 1 次鱼

　　鱼类食物含有大量的优质蛋白质，还含有丰富的不饱和脂肪酸，不仅营养丰富，口感细嫩，而且容易消化。孕妈妈每周至少吃 1 次鱼，这对胎宝宝机体和大脑的健康发育大有裨益。

　　淡水鱼里常见的鲈鱼、鲫鱼、草鱼、鲢鱼、黑鱼，深海鱼里的三文鱼、鳕鱼、鳗鱼等，都

是不错的选择。孕妈妈不要只吃一种鱼，尽量吃不同种类的鱼。值得注意的是，保留鱼类营养的最佳烹饪方式是清蒸。

▶ 不宜让孕吐影响正常饮食

　　不应让孕吐影响孕妈妈的正常饮食，影响孕妈妈对营养素的摄取。在烹调食物的过程中，在注重营养的同时，可以通过菜品的丰富多样、烹调的花样翻新、改变就餐环境，甚至用新颖的食物形状来引起孕妈妈的食欲。如果孕吐比较剧烈，主食摄入量不超过 150 克，应考虑在医生的指导下静脉补充葡萄糖，以免影响胎宝宝的健康发育。

▶ 不宜过量补充营养

　　补充营养很重要，但也要注意不要过量了，过量会增加身体的负担，不利于健康。用枸杞子、

百合等食材熬粥或炖汤，滋补的同时养胃护脾，孕妈妈可以每次吃 1~2 小碗。

细嚼慢咽吃苹果，能有效缓解孕吐，在晚上吃还有助于睡眠。

第**6**周

健胃
三餐推荐

胎宝宝身体的各部分器官都在快速发育中，孕妈妈时常会感到疲劳、犯困，而且胃口不佳。此时的孕妈妈可以选择吃一些营养成分高的食物，如小米、虾、鱼、坚果等食物，能吃多少是多少，吃下去的都是营养。

早 餐

平菇小米粥
（牛奶馒头）

大米、小米粗细搭配，营养互补，平菇可以改善孕妈妈新陈代谢、增强体质，是孕妈妈补充蛋白质、碳水化合物的理想早餐。

原料：小米 30 克，大米 20 克，平菇 40 克，盐适量。

做法：❶平菇洗净，焯烫后切片。❷小米、大米分别淘洗干净。❸锅中加适量水，放入小米、大米，大火烧开后改小火熬煮，煮熟后放入平菇稍煮，调入盐，拌匀即可。

这样吃更健康 粥里不宜放太多盐，有一点点味就可以了。

食材可替换 不喜欢咸味粥的孕妈妈，可以不放盐和平菇，放一些白菜叶进去，也很健胃滋补。

午 餐

咸蛋黄烩饭
（海带豆腐汤、牛肉土豆丝）

此饭蛋白质丰富，味道咸香，其中富含的碳水化合物可以为孕妈妈补充热量和能量。

原料：米饭 100 克，咸蛋黄半个，盐、蒜苗、葱末、植物油各适量。

做法：❶蒜苗洗净、去根、切丁；咸蛋黄切丁备用。❷油锅烧热，爆香葱末，放入咸蛋黄及蒜苗拌炒，加入米饭及盐炒匀，盛入盘中即可。

这样吃更健康 胆固醇过高的孕妈妈应避免食用蛋黄。

食材可替换 炒米饭时，还可以加一些豌豆丁、胡萝卜丁、土豆丁、肉丁等，这样营养更全面。

日间加餐

苏打饼干

苏打饼干可以中和胃酸，促进消化功能，有效减轻胃部不适。苏打饼干中的膳食纤维能够改善怀孕后身体肠胃对于食物的排斥，起到顺利消化的作用。

这样吃更健康 孕妈妈在吃苏打饼干的时候，配以柠檬茶，还能有效地促进食物的吸收，对于孕妈妈保持好心情也能起到一定的神奇作用。因为柠檬茶里面含有一种能够使人宁神定气的元素，可以使孕妈妈去除烦躁的情绪；而且用水泡开时，所飘散开来的味道清新宜人，这种气味可以使人心情愉悦。

食材可替换 不习惯柠檬茶口味的孕妈妈，也可以配以牛奶代替。

晚餐

菠菜鱼片汤
（米饭、干烧黄花鱼）

菠菜含有丰富的叶酸、碘和维生素，可以为孕妈妈补充丰富的营养。

原料： 鲫鱼肉 250 克，菠菜 100 克，葱段、姜片、盐、料酒、植物油各适量。

做法： ❶ 鲫鱼肉切片，加盐、料酒腌制；菠菜择洗干净，焯水后切段。❷ 葱段、姜片入油锅炝香，放入鱼片略煎，加水煮沸，小火焖 10 分钟，投入菠菜段和盐即成。

这样吃更健康 肠胃不适、腹泻的孕妈妈要少吃菠菜。

食材可替换 菠菜还可以和瘦肉一起煮汤，味道香浓，补铁又补钙。

晚间加餐

橙汁酸奶

橙汁酸奶有很好的健脾开胃的效果，酸甜可口，为孕妈妈和胎宝宝补充维生素和钙的同时，也能让孕妈妈心情愉悦，而且酸奶和柳橙一起食用还会使皮肤变白。

原料： 柳橙 1 个，酸奶半袋（125 毫升），蜂蜜适量。

做法： ❶ 将柳橙去皮，去子，榨成汁。❷ 将柳橙汁与酸奶、蜂蜜搅匀即可。

这样吃更健康 如果孕妈妈妊娠反应比较严重，反酸现象频现，那么说明胃里的酸太多，此时再喝酸奶，容易引起更大的孕吐反应。

食材可替换 除了柳橙，孕妈妈还可以根据自己的口味，选用苹果、葡萄等水果。

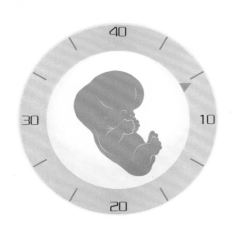

第 7 周

♥ 宝宝变化：小胳膊小腿长长了

胎宝宝的淋巴组织、舌头、鼻子和皮肤开始形成和发育，眼球、食道已经发育成型，上下颌出现，最初的嘴唇也出现了。胎宝宝的四肢出现，并快速长成"小桨"，可以凭借四肢在羊水中运动了。

▶饮食指导：补充脂肪

在整个怀孕的前期、中期，孕妈妈要补充适量的脂肪，同碳水化合物一起为胎宝宝身体各器官的生长发育提供能量。这也是为孕晚期、分娩以及产褥期做必要的能量储备。孕期的脂肪摄入量以每天 60 克为宜，包括炒菜做饭用的植物油 25 克和其他食物中的脂肪。

▶营养重点：脂肪、碳水化合物、蛋白质

脂肪	推荐食物：坚果、瘦肉、黄豆、海鱼、海虾
	海鱼、海虾中含有的多是不饱和脂肪酸，宜适量增加。另外坚果类食物，如核桃、花生等也含有丰富的不饱和脂肪酸，对胎宝宝的发育尤为有益。
碳水化合物	推荐食物：面条、大米、小米、银耳、紫菜
	米、面含有丰富的碳水化合物，是胎宝宝发育必不可少的营养物质，所以孕妈妈有必要每天从主食中摄取一定量的碳水化合物。
蛋白质	推荐食物：鸡蛋、牛奶、瘦肉、鱼、豆制品
	每天 1 个鸡蛋、1 小份肉（50~75 克）、1 杯牛奶，每天 1 份豆制品（50~75 克）就能满足孕妈妈对蛋白质的需要。孕妈妈在吃鸡蛋、牛奶等高蛋白食物时，也要适当吃一些蔬菜、粗粮，以达到营养均衡。

♥ 妈妈变化: 更容易感到饥饿

伴随着孕周的增加, 孕妈妈的体能消耗逐渐加大, 这时候会比以前更容易感到饥饿。这种饥饿的感觉和以前空腹的感觉并不相同, 还带着胃部灼热感。

▶宜适量吃鹌鹑肉

鹌鹑肉对孕妈妈的营养不良、体虚乏力、贫血头晕有很好的食疗作用。另外, 鹌鹑肉富含的卵磷脂等是高级神经活动不可缺少的营养物质, 对胎宝宝有健脑的作用, 所以孕妈妈要适量吃一些鹌鹑肉。

▶不宜全吃素食

孕妈妈妊娠反应比较大时, 可能会出现厌食的情况, 特别会忌荤腥油腻的食物, 而只吃素, 但长期吃素不利于胎宝宝的健康发育。胎宝宝如果缺乏蛋白质、不饱和脂肪酸等, 会造成脑组织发育不良, 影响智力发育。

▶不宜过量吃巧克力

巧克力含有咖啡因, 如果孕妈妈每天吃太多巧克力, 可能会导致胎宝宝体重下降, 甚至可能导致流产或早产。另外, 有些巧克力含糖量很高, 吃得过多还会影响人体对其他一些营养素的吸收。

▶生育保险怎样报销

生育保险是国家立法规定的, 由国家和社会及时给予物质帮助的一项社会保险制度。只要符合计划生育政策, 就可以在宝宝出生一年之内携带相关证件资料到社保中心申领生育保险金。以北京市为例:

报销范围	孕产时的住院生育费、门诊产检费、生育津贴(产假工资)
证件资料	身份证、结婚证、北京市社会保障卡 《北京市生育服务证》或《北京市外地来京人员生育服务联系单》 《婴儿出生证明》《医学诊断证明》 原始收费凭证、医疗费用明细单、处方、北京市申领生育津贴人员信息登记表

如果孕妈妈所在单位负责缴纳生育保险, 就不用自己去社保中心申请了, 单位会有专人负责, 有什么问题孕妈妈直接与负责人沟通就行了。

第7周

止呕
三餐推荐

胎宝宝的生长发育消耗了孕妈妈大量的能量，因此孕妈妈很容易饥饿，但是妊娠反应又容易导致孕妈妈没有胃口，所以这一周的饮食以蛋羹、米粥、软饭、面条等为主，多选用健胃和中、降逆止呕的食物，如豆芽、鱼、柠檬等。

猪血鱼片粥
（煮鸡蛋）

猪血有补血补钙的功效，草鱼中的脂肪利于消化吸收。猪血鱼片粥有很好的滋补效果，对胎宝宝的成长发育很有益处。

原料： 大米50克，猪血、草鱼肉各100克，盐、料酒、香油各适量。

做法： ❶猪血洗净，切块；草鱼肉切薄片，用料酒腌渍；大米淘洗干净。❷将大米熬煮成粥，加入猪血、鱼片、盐，煮沸后淋入香油即可。

这样吃更健康 孕妈妈适量吃草鱼就好，不宜吃太多。

食材可替换 猪血与草鱼也可以煲汤，加些藕、红枣，补铁补血的效果会更好。

豆芽炒肉丁
（米饭、鱼香猪肝）

黄豆芽含有丰富的蛋白质和维生素，孕妈妈可以常吃。

原料： 黄豆芽100克，瘦肉50克，料酒、盐、白糖、干淀粉、植物油各适量。

做法： ❶黄豆芽择洗干净；瘦肉洗净切丁，用干淀粉抓匀上浆，放油锅中炸至金黄后，捞出沥油。❷油锅烧热，放入黄豆芽，调入料酒略炒，再放入白糖、盐，用小火炒熟，最后放入肉丁翻炒均匀即可。

这样吃更健康 孕妈妈如果消化不良，那就不宜多吃豆芽炒肉丁。

食材可替换 绿豆芽具有清热解毒的作用，清炒绿豆芽或将绿豆芽与瘦肉丁一同炒，非常适合孕妈妈在夏季吃。

开心果

由于开心果中含有丰富的油脂，因此有润肠通便的作用，有助于排出体内的毒素，便秘的孕妈妈非常适合食用。

这样吃更健康 颜色绿色的开心果果仁比黄色的要新鲜，而外表色泽特别洁白的开心果可能是经过工业双氧水浸泡过的，应尽量选择购买正规渠道、颜色接近本色的开心果。孕妈妈每天吃 5~8 粒为宜。否则吃多了会导致消化不良，甚至导致涨肚子。

牛肉萝卜汤

（米饭、肉末豆腐羹）

牛肉萝卜汤可以为孕妈妈提供蛋白质、碳水化合物等营养成分，能提供胎宝宝的成长发育所需的能量。

原料：牛肉 100 克，白萝卜 50 克，香菜叶、香油、盐、蒜末各适量。

做法：❶白萝卜洗净切片；牛肉洗净切丝，加盐、香油、蒜末腌制。❷锅中放入适量开水，先放入白萝卜片，煮沸后放入牛肉丝，煮熟后加入少许盐调味，撒上香菜叶即可。

这样吃更健康 白萝卜易产气，胃肠功能不好的孕妈妈不宜多吃。

鲜柠檬汁

柠檬有开胃止吐的功效，孕妈妈食用柠檬汁可以缓解孕吐。

原料：柠檬 1 个，白糖适量。

做法：❶柠檬洗净，去子，切小块，放入碗中加白糖腌 4 小时。❷再用榨汁机榨汁，饮用前可根据个人口味，加温开水和少许白糖。

这样吃更健康 柠檬口感酸甜，孕妈妈可在晚餐时间用白糖腌好柠檬，以备用。孕妈妈还要注意，不能喝太多，喝多了容易上火。

食材可替换 孕妈妈也可吃核桃等坚果，核桃每天 3~5 颗即可，同样具有补益效果。

食材可替换 牛肉与冬瓜做汤也很美味，有清热利水的功效，孕妈妈常喝还能清理肠胃、养颜排毒。

食材可替换 还可在柠檬汁中加入适量姜汁，并辅以蜂蜜，早晨空腹喝一杯，对缓解晨吐很有帮助。

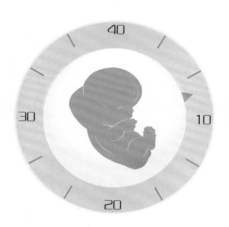

第 **8** 周

♥ 宝宝变化：初具人形

本周末，胎宝宝约 20 毫米长了，看上去像一颗葡萄。头大，占整个胎体近一半。能分辨出眼、耳、鼻、口、手指及足趾，各器官正在分化发育。心脏已经形成，B 超可见心脏搏动。胎宝宝的手指间和脚趾间有少量蹼状物，皮肤像纸一样薄，血管清晰可见。

▶饮食指导：补充多种营养素

胎宝宝的骨骼不断发育，腿和胳膊的骨骼逐渐硬化，各处关节也在快速形成。所以孕妈妈要及时补充锌、蛋白质、维生素 C 等营养素，以满足胎宝宝的骨骼发育对营养的需求，这些营养素可以从鱼、蛋，猪、牛、鸡、鸭等的内脏，绿色蔬菜中获取。

▶营养重点：锌、蛋白质、维生素 C

锌	推荐食物：牡蛎、猪肝、瘦肉、鱼类、香菇
	孕妈妈缺锌会影响胎宝宝的大脑发育，对胎宝宝的神经系统发育造成障碍。尤其是本月，胎宝宝的大脑和神经系统快速发育，补锌就显得尤为重要。补锌的最佳方式是通过食补，可多吃含锌量丰富的食物。
蛋白质	推荐食物：黄豆、瘦羊肉、鳕鱼、瘦猪肉、鲫鱼
	孕吐的时候，孕妈妈对脂肪类食物，恨不得闻着它的味就远远避开。这也没有关系，孕妈妈可以动用自己储备的脂肪，所以不必强求自己，只要孕前做好了充分的营养摄入就可以了。
维生素 C	推荐食物：红枣、橙子、苹果、西蓝花、西红柿、猕猴桃
	维生素 C 能够预防坏血病，增强孕妈妈的抵抗力，促进胶原组织形成，促进铁的吸收，对胎宝宝的牙齿和骨骼发育也十分重要，还可以使胎宝宝皮肤细腻。

营养师有话说

锌在牡蛎中含量十分丰富，鱼、牛肉、羊肉、贝壳类海产品中也含有比较丰富的锌。谷类中的植酸会影响锌的吸收，孕妈妈尽量少吃过于精细的米、面，否则会影响锌的摄入。

♥ 妈妈变化：出现尿频

因为子宫的迅速扩张，膀胱被挤压，孕妈妈可能会感觉腹部疼痛、尿频，并且尿频一般会持续到孕期的第 12 周。很多孕妈妈这时候会更明显地体会到"害喜"的滋味。

▶宜常吃西红柿

西红柿富含维生素 A、维生素 C、维生素 B_1、维生素 B_2、胡萝卜素、钙、磷、钾、镁、铁、锌、铜和碘等多种营养元素，以及含有膳食纤维、有机酸。西红柿还具有保健功效和防治多种疾病的药用价值，能够清热解毒、生津止渴；有助消化、润肠通便的作用，可防止孕妈妈便秘。所以经常吃西红柿对孕妈妈是有好处的。

▶宜适量吃黄瓜

孕妈妈食用黄瓜，不仅能促进胎宝宝的脑细胞发育，增强其活力，还可以给孕妈妈提供热量及膳食纤维，同时对早孕反应后恢复食欲及体力有促进作用。

▶不宜多喝骨头汤

有的孕妈妈为了补钙，常喝骨头汤。其实，喝骨头汤的补钙效果并不是特别理想。骨头中的钙不易溶于汤中，也不易被人体吸收。骨头汤喝多了反而油腻，且增加脂肪摄入，易导致孕妈妈体重增长过快。

▶不宜多吃桂圆

桂圆虽然富含葡萄糖、维生素，有补心安神、养血益脾的功效，但桂圆性温大热，阴虚内热体质和患热性病的人都不宜多吃。孕妈妈阴血偏虚，容易滋生内热，常常会口干、肝经郁热、便秘等，所以不宜多吃桂圆。

圣女果有红黄等颜色，维生素 C 含量很高，吃了又不易上火，但孕妈妈不宜空腹吃。

第8周

调理
三餐推荐

锌、蛋白质和维生素 C 是孕妈妈本周三餐补充营养的重点，要多吃相关的食物，为胎宝宝的生长发育提供充足的能量和营养。此外，由于妊娠反应，以及孕妈妈吃得精细，活动也较少，很容易出现便秘，这时候应该用富含膳食纤维的食物调理。

核桃藕粉米糊
（花卷）

米糊中含有丰富的蛋白质，且易于消化吸收，可为孕妈妈和胎宝宝提供充足的能量。

原料： 核桃仁 60 克，藕粉 40 克，白糖适量。

做法： ❶将核桃仁冲洗干净。❷将核桃仁、藕粉一起放入豆浆机，加清水至上下水位线之间，按"米糊"键，煮好后倒出，加入适量白糖调味。

（这样吃更健康）核桃含油脂多，适量吃就好，每次不宜过多。

（食材可替换）核桃还可以与大米、小米等五谷杂粮搅打成米糊，营养全面，相互补益。

韭菜炒虾仁
（米饭、五香鲤鱼）

韭菜富含膳食纤维，可促进胃肠蠕动，促进排便。另外，虾仁中富含的蛋白质、锌、钙等营养成分可促进胎宝宝的正常发育。

原料： 韭菜 200 克，虾仁 100 克，葱丝、盐、料酒、高汤、植物油、香油各适量。

做法： ❶虾仁洗净，沥水；韭菜择洗干净，切段。❷油锅烧热，下葱丝炝锅，放入虾仁煸炒，放料酒、盐、高汤稍炒；放入韭菜翻炒，淋入香油即可。

（这样吃更健康）肠胃功能较差的孕妈妈不宜多吃这道菜。

（食材可替换）可以用蒜苗替换韭菜，炒蒜苗有一股特殊的清香，与虾仁一同烹制，具有营养互补的功效。

日间加餐

晚餐

晚间加餐

西红柿面片汤

富含维生素 C 的西红柿，和面片一起煮，不仅能补充营养，而且很合孕妈妈的胃口。

原料： 西红柿 1 个，面片 100 克，熟鹌鹑蛋 2 个，盐、植物油、香油各适量。

做法： ❶西红柿烫水去皮，切丁。❷油锅烧热，炒香西红柿丁，炒成泥状后加入水，烧开后加入剥去壳的鹌鹑蛋。❸加入面片，煮 3 分钟后，加盐、香油调味即可。

这样吃更健康 西红柿过油炒后，其中的番茄红素更容易被人体吸收。

食材可替换 没有鹌鹑蛋时，也可以在面片汤中淋上鸡蛋液，再加些绿叶蔬菜，营养更丰富。

肉片炒香菇

（胡萝卜小米粥、西红柿炖豆腐）

此菜含有丰富的脂肪、蛋白质、矿物质和维生素等，可为孕妈妈和胎宝宝提供充足营养。

原料： 鸡脯肉、鲜香菇各 100 克，青椒 1 个，盐、高汤、香油、植物油各适量。

做法： ❶将鸡脯肉、鲜香菇、青椒洗净，切成薄片。❷油锅烧热，将鸡肉片用小火煸炒，放入鲜香菇、青椒，改大火翻炒。❸加盐和一点点高汤，再加适量香油翻炒一下即可。

这样吃更健康 如果是干香菇要用热水浸泡，才能分解香菇含有的核酸分解酶，散发出独特的鲜味。

食材可替换 猪肉与香菇一起炒食，味道鲜香，入口滑嫩，同时具有补虚劳的作用。

银耳羹

银耳中含多种营养成分，可以提高孕妈妈的免疫力，还能使胎宝宝的心脏更强健。

原料： 银耳 20 克，樱桃、草莓、冰糖、淀粉、核桃仁各适量。

做法： ❶银耳洗净，浸泡，切碎；樱桃、草莓洗净。❷将银耳放入锅中，加适量清水，用大火烧开，转小火煮 30 分钟，加入冰糖、淀粉，稍煮。❸加入樱桃、草莓、核桃仁，稍煮即可。

这样吃更健康 血糖异常的孕妈妈要少吃或不吃银耳羹。

食材可替换 夏季煲肉汤时，加银耳可以祛除暑气。

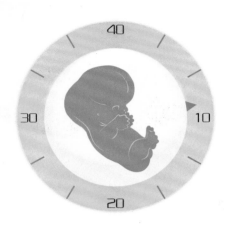

第 **9** 周

♥ 宝宝变化：眼睑开始覆盖住眼睛

胎宝宝所有的神经器官都开始工作了，手腕部分开始稍微弯曲，双腿开始摆脱蹼状的外表，眼睑开始覆盖住眼睛。此时的胎宝宝已经告别"胚胎"时代，成为真正意义上的"胎宝宝"。

▶ 饮食指导：控制盐的摄入

从这周开始，孕妈妈要调整自己的食盐量，控制在每日5~6克为宜。因为盐中含有大量的钠，会导致水肿或血压升高。孕妈妈还要少吃动物肝脏、油炸食品、高脂肪食物，最好别喝刺激性饮料。另外，此期间孕妈妈应继续多吃含膳食纤维的食物防便秘，每天的膳食纤维摄取量要分散在所吃的每一餐上。防止便秘是为了排便时不能过于用力，预防流产的发生。孕妈妈看电视的时候，也可以准备一杯果汁或牛奶，几片面包，或一些核桃、瓜子，边看边吃，这样可以转移对食品的注意力，减轻早孕反应。

▶ 营养重点：维生素 A、DHA

维生素 A	推荐食物：动物肝脏、鱼肝油、鸡蛋、牛奶、胡萝卜
	整个孕期，胎宝宝的健康发育都离不开维生素 A。维生素 A 对胎宝宝的皮肤、胃肠道和肺的健康发育尤其重要。怀孕初期3个月，胎宝宝自身还不能储存维生素 A，因此孕妈妈一定要多吃些富含维生素 A 的食物。维生素 A 广泛存在于动物性食物当中，尤其在动物肝脏及蛋黄、瘦肉等食物中。
DHA	推荐食物：鳕鱼、鱼油、坚果类
	DHA 是脑脂肪的主要成分，对大脑细胞的增殖，神经传导和大脑突触的生长、发育起着重要的作用，被称为"脑黄金"。胎儿期是积聚 DHA 等大脑营养最迅速的时期，也是大脑和视力发育最快的时期。若胎宝宝从母体中获得的 DHA 等营养不足，胎宝宝的大脑发育过程有可能被延缓或受阻，智力发育会受到影响，而且有可能造成视力发育不良。孕妈妈平时可以多吃一些富含 DHA 的食物，如鱼类。深海鱼类如鳕鱼、鲣鱼、鲑鱼、沙丁鱼、金枪鱼、黄花鱼、秋刀鱼、带鱼等，淡水鱼如鲫鱼、鳝鱼等。

♥ 妈妈变化: 乳房增大了

孕妈妈的体重还没有增加太多，但乳房逐渐增大，乳头颜色逐渐加深，孕妈妈会感觉以前的内衣有点小了，这时候就要换大一点的内衣。而且孕妈妈也会注意到腰围变大了一点。

▶宜多吃抗辐射食物

在工作和生活当中，电脑、电视、空调等各种电器都能产生电磁辐射。孕妈妈应多食用一些富含优质蛋白质、磷脂、B族维生素的食物，例如豆类及豆制品、鱼、虾、粗粮等。

具有防护效果的蔬果包括：红色蔬果有西红柿、红葡萄柚等；绿色蔬果有油菜、芥菜、茼蒿、菠菜等。另外，还有白色食物如蘑菇、海产品、大蒜等，黑色食物如芝麻等。

▶不宜吃腌制食品

腌制食品（如香肠、腌肉、熏鱼、熏肉等）中含有可导致胎宝宝畸形的亚硝胺，所以孕妈妈不宜多吃、常吃这类食品，最好是不吃。另外，这类食品营养不丰富，维生素损失较多，且容易滋生细菌，会影响孕妈妈和胎宝宝的健康。同样，各种咸菜、咸甜菜肴和其他过咸的食物也尽量少吃。孕妈妈应逐渐养成清淡口味的习惯，有助于减少孕期水肿和高血压的危险。

▶不宜多吃鸡蛋

在怀孕期间，每个孕妈妈都会通过吃鸡蛋来补充营养。但如果孕妈妈吃鸡蛋过量，摄入蛋白质过多，容易引起腹胀、食欲减退、消化不良等症状，还可导致胆固醇增高，加重肾脏的负担，不利于孕期保健。所以，孕妈妈每天宜吃1个，最多不超过2个。

▶孕3月孕妈妈指标一览表

体形	肚子开始逐渐隆起，到月末的时候就比较明显了。
子宫	会长到拳头大小。
乳房	乳房继续增大，需要换大一点的内衣了。
体重	没有明显变化，有些孕妈妈的体重甚至会下降。
妊娠反应	阴道分泌物增加，尿频、尿急现象增加，会有一些胀气、便秘现象。
情绪	体内激素的变化，会使孕妈妈容易激动、易怒和多愁善感，情绪起伏大。

第9周

壮胎
三餐推荐

现在胎宝宝器官的形成和发育需要丰富的营养，孕妈妈虽然会有诸多不适应和不舒服，但一定要尽力克服，尽量为胎宝宝多储备一些优质的营养物质，如维生素A、DHA等，多吃一些含膳食纤维的食物，预防便秘。

早 餐

全麦面包

（酸奶、苹果）

此款早餐是补充维生素A的绝佳搭配。酸奶富含的维生素A能使孕妈妈肌肤细嫩，增强免疫力，让孕妈妈和胎宝宝健健康康。

原料： 全麦面包2片，酸奶1杯（125毫升）。

这样吃更健康 妊娠反应强烈的孕妈妈可以改喝牛奶。

食材可替换 准妈妈也可以喝南瓜粥，不仅香甜可口，而且富含维生素A。

午 餐

葱爆酸甜牛肉

（米饭、栗子扒白菜）

牛肉含有蛋白质、镁、锌，大葱含有的胡萝卜素，在体内可以被催化为维生素A，适合孕妈妈常吃。

原料： 牛里脊肉250克，大葱100克，香油、料酒、酱油、醋、白糖、植物油、盐各适量。

做法： ❶牛里脊肉洗净，切薄片，加料酒、酱油、白糖、香油拌匀；大葱洗净，切成斜片。❷油锅烧热，下牛里脊肉片、葱片，迅速翻炒至肉片断血色，滴入醋，撒点盐翻炒至熟，起锅装盘即成。

这样吃更健康 孕妈妈如果胆固醇过高，就不宜多吃牛肉。

食材可替换 也可以用猪肉代替牛肉，营养同样丰富。

五谷豆浆

五谷豆浆富含维生素和碳水化合物，常喝有助于为胎宝宝的成长发育提供营养能量。

原料： 黄豆 40 克，大米、小米、小麦仁、玉米渣各 10 克。

做法： ❶ 黄豆洗净，水中浸泡 10~12 小时。❷ 大米、小米、小麦仁、玉米渣和泡发的黄豆放入豆浆机中，加清水至上下水位线间，接通电源，按"豆浆"键。❸ 待豆浆制作完成后过滤即可。

这样吃更健康 夏季，现磨豆浆 2 个小时左右就变质了，所以不建议喝存放时间太久的豆浆。

食材可替换 也可以把这几种食材一同打磨成粉，做成饼或馒头。

青柠煎鳕鱼

（米饭、香菇鸡汤）

鳕鱼属于深海鱼类，DHA 含量相当高，是有利于胎宝宝大脑发育的益智食物。

原料： 鳕鱼肉 200 克，柠檬半个，鸡蛋清、盐、水淀粉、植物油各适量。

做法： ❶ 将鳕鱼洗净，切小块，加入盐腌制片刻，挤入适量柠檬汁。❷ 将腌制好的鳕鱼块裹上蛋清和水淀粉。❸ 油锅烧热，放入鳕鱼煎至两面金黄即可出锅装盘。

这样吃更健康 加入适量的柠檬汁，能有效缓解孕妈妈的呕吐、厌食症状。

食材可替换 带鱼同样富含 DHA，也可以用带鱼代替鳕鱼补充 DHA。

小花卷

（牛奶）

孕早期孕妈妈胃口不佳，可能会导致营养吸收不良，可适当食用些面食补充蛋白质和能量。

原料： 面粉 500 克，酵母粉 5 克，水 240 克，盐 1 克，葱花适量。

做法： ❶ 面粉加入酵母粉充分发酵后，将发面取出，揉成面团醒一下。❷ 反复揉搓面团，擀成 3 毫米的薄面片，刷上色拉油；将面片卷起，切成宽 4 厘米的面团卷，每两个叠加起来，压好后用大拇指和食指左右往里面捏一下，撒上葱花。❸ 将做好的花卷放在蒸架上，醒 10~15 分钟，开中大火蒸 10 分钟，再焖 5 分钟即可。

食材可替换 做花卷时还可以辅以芝麻酱等调味食材。

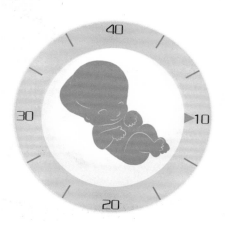

第 **10** 周

♥ 宝宝变化：心脏发育好了

胎宝宝现在就像一个豌豆荚，长约40毫米，重约5克。眼睛和鼻子清晰可见，心脏也完全发育好了。肝脏、脾脏、骨髓开始制造血细胞。这时的胎宝宝已经从一个小小的胚胎发育成了人的雏形。

▶ 饮食指导：多吃安胎养血的食物

孕妈妈一日三餐营养搭配要丰富均衡，早餐要吃好，午餐、晚餐要少量但种类丰富。现在还要继续吃各种含维生素和铁丰富的食品。如果孕妈妈感到腰酸、腰痛，也可以吃一些有安胎养血作用的食疗食品，如乌鸡、蛋黄等都能起到安胎的作用。

▶ 营养重点：镁、维生素E、膳食纤维

镁	推荐食物：花生、坚果、全麦食物、绿叶蔬菜
	研究表明，怀孕最初3个月，孕妈妈摄取镁的数量关系到新生儿身高、体重和头围的大小。孕妈妈每天镁的摄入量约为400毫克。每星期可吃2~3次花生，每次25克左右即可满足。
维生素E	推荐食物：植物油、黑芝麻、坚果、猕猴桃、山药
	维生素E又被称为生育酚，具有保胎安胎、预防流产的作用，还有助于胎宝宝的肺部发育。一般来说，日常饮食足以满足孕期每日14毫克的需求，不需要额外补充。
膳食纤维	推荐食物：杂粮、胡萝卜、芦笋、菠菜、四季豆
	膳食纤维分为水溶性膳食纤维（如胡萝卜、四季豆）和非水溶性膳食纤维（如杂粮、芦笋、菠菜）。水溶性膳食纤维可以帮助降低胆固醇的含量，减少心血管疾病的发生；非水溶性膳食纤维可以促进肠胃蠕动，防止便秘。

营养师有话说

在一般情况下，如果孕妈妈对镁的摄取量不足，会出现情绪不安、激动、水肿及妊娠高血压、蛋白尿等症。如果孕妈妈身体镁含量太高，很容易造成镁中毒。但是孕妈妈只要平日均衡饮食，就能摄取足够的镁，不用额外补充。

♥ 妈妈变化：情绪起伏很大

　　随着孕周的增加，孕妈妈的体型、外貌也开始发生变化，乳房开始增大，需要更换大一些的文胸了。另外，由于孕期雌激素的作用，孕妈妈的情绪起伏很大，常常会莫名地感到不安和激动，这都是正常的妊娠反应。

▶宜适量吃一些甜椒

　　甜椒含有丰富的维生素 C、维生素 B$_2$ 和胡萝卜素，适量食用不会损害胎宝宝的健康。由于妊娠反应，孕妈妈常常会食欲不佳，而适量吃一些甜椒，有助于增加食欲。

▶不宜吃辣

　　麻辣食物容易消耗肠道水分，使胃肠腺体分泌减少，造成肠道干燥。孕期本来就容易便秘，吃辣椒，尤其是干辣椒太多，就会加重便秘。便秘时腹压增大，容易使子宫、胎宝宝、血管局部受挤压而供血不足。

▶不宜吃生食

　　有些孕妈妈喜欢吃寿司、生鱼片，那么怀孕之后应该戒掉了。生鱼、生肉、生鸡蛋以及未煮熟的鱼、肉、蛋等食品，不仅营养不易吸收，而且细菌未被全部杀死，会对孕妈妈和胎宝宝的健康造成威胁。

▶不宜拿水果当饭吃

　　水果含有丰富的维生素，但是它所含的蛋白质和脂肪却远远不能满足孕妈妈的营养需要。在妊娠反应依然存在的孕早期，很多孕妈妈吃不下东西，就用水果代替正餐，这样会造成营养不良，从而影响胎宝宝的生长发育。

甜椒还可配以菠萝、橙子榨汁，不同的吃法，相同的营养。

第10周

安胎
三餐推荐

本周孕妈妈要多吃富含镁、维生素E和膳食纤维的食品，不仅可以满足胎宝宝不同器官发育的需要，还有安胎、养胎的作用。海鱼、蛋黄、坚果、蔬菜等，都是这一时期孕妈妈不错的选择。

早 餐

杂粮蔬菜瘦肉粥

此粥可补充维生素E、B族维生素，有助肠胃的蠕动和营养吸收，可以增强孕妈妈的食欲。

原料： 大米、糙米各50克，猪肉100克，菠菜、虾皮、盐、植物油各适量。

做法： ❶大米、糙米均淘洗干净，煮成粥备用；菠菜择洗干净、焯水后切段；猪肉洗净，切丝。❷油锅烧热，倒入虾皮爆香，放入猪肉丝略炒，加水煮开，放入杂粮粥和菠菜段，再煮片刻至熟后加盐即可。

这样吃更健康 消化功能较弱的孕妈妈就不要吃糙米了。

食材可替换 煮粥时还可以加点花生、红豆、蚕豆，营养和口味都更丰富。

午 餐

红烧带鱼
（米饭、肉末豆腐羹）

带鱼中蛋白质、维生素E含量尤其丰富，对胎宝宝骨骼及大脑发育有益。

原料： 带鱼1条，姜片、蒜、醋、料酒、盐、干淀粉、白糖、植物油各适量。

做法： ❶带鱼洗净后，去头尾剪成段，两面拍上干淀粉。❷油锅烧热，放入带鱼段炸至金黄捞出。❸油锅烧热，放姜片、蒜煸香，再放入带鱼，然后再顺着锅边倒入醋。❹加入料酒、白糖和2杯水，大火烧开，待汤汁见少时放盐调味。

这样吃更健康 皮肤过敏的孕妈妈不宜吃带鱼。

食材可替换 鲫鱼、鲤鱼都可以用红烧的方法做，更入味。

日间加餐

水果拌酸奶

水果拌酸奶味道酸甜可口，清爽宜人，能增强消化能力，促进食欲，非常适合胃口不佳的孕妈妈食用，也可以作为正餐前的点心。

原料：酸奶 125 毫升，香蕉、草莓、苹果、梨各取适量。

做法：❶香蕉去皮；草莓洗净、去蒂；苹果、梨洗净，去核；将所有水果均切成 1 厘米见方的小块。❷将水果盛入碗内再倒入酸奶，以没过水果为好，拌匀即可。

这样吃更健康 尽量少喝那种常温保质期长的盒装酸奶，含有添加剂，营养不如鲜奶。

食材可替换 酸奶可以用不同口味的沙拉酱代替，但一定要控制沙拉酱的用量，不能过多。

晚 餐

鲜虾芦笋

（米饭、西红柿蛋汤）

这道菜色泽一红一绿，其中芦笋含丰富的叶酸和膳食纤维，不仅让孕妈妈胃口好而且吃得健康。

原料：鲜虾 10 只，芦笋 300 克，高汤 50 毫升，姜片、盐、蚝油、植物油各适量。

做法：❶鲜虾去壳、去虾线，洗净后沥干，用盐拌匀；芦笋洗净，切长条，焯烫至熟，捞出沥干。❷油锅烧热，放入虾仁炸熟，捞起沥油。❸用锅中余油爆香姜片，加入虾仁、高汤、盐、蚝油拌炒匀，浇在芦笋上即成。

这样吃更健康 芦笋焯烫过后可以有效除去草酸。

食材可替换 芦笋和虾仁切碎后，也可与米饭一起炒食，味道鲜香。

晚间加餐

山药黑芝麻糊

山药和黑芝麻富含维生素 E、碳水化合物，美味又营养，有助于促进胎宝宝的健康发育。

原料：山药 60 克，黑芝麻 50 克，白糖适量。

做法：❶黑芝麻洗净，小火炒香，研成细粉。❷山药放入干锅中烘干，打成细粉。❸锅内加适量清水，烧沸后将黑芝麻粉和山药粉放入锅内，同时放入白糖，不断搅拌，煮 5 分钟。

这样吃更健康 山药不宜与鱼同吃，以免引起腹痛。

食材可替换 山药煮熟，压成泥，在山药泥中加点牛奶和蓝莓酱，味道也不错。

第11周

♥ 宝宝变化：各器官基本发育完善

此时胎宝宝身长和体重都增加了一倍，重要的器官都已经发育完全，而且现在胎宝宝的眼皮开始黏合，直到27周后才能完全睁开。现在胎宝宝的生殖器官开始发育，胎盘也已经很成熟，可以发挥其重要功能。

▶ 饮食指导：补钙的关键期

从本周开始，宝宝需要从孕妈妈体内摄取大量的钙。根据中国营养学会的建议，孕早期、孕中期和后期钙的适宜摄入量分别为800毫克、1000毫克和1200毫克。早孕反应严重的孕妈妈，现在尤其注意加强钙和维生素E的补充。

奶类及其制品是钙的良好来源。每天喝500毫升牛奶，大约提供500毫克钙；每天吃200克豆腐或相当的大豆制品（豆浆除外），大约提供200~300毫克钙。这两类食物缺其一或都没有，钙的摄入量就很难达到推荐值了。此时，孕妈妈可以在医生的指导下服用钙剂以满足每日所需要钙的摄入量。

▶ 营养重点：钙、维生素E

钙	推荐食物：牛奶、豆制品、虾、海鱼 奶和奶制品是钙的优质来源，钙含量最为丰富且吸收率也高。虾皮、芝麻酱、大豆都能提供丰富的钙质。缺钙会使孕妈妈易患骨质疏松症，情绪容易激动，也易引起孕期相关疾病。孕妈妈如果发生缺钙现象，可根据医生的建议服用适当的钙剂。虽然孕期补钙很重要，但是盲目补钙不可取。孕妈妈如果大量加服钙片，胎宝宝易得高血钙症，还会影响出生之后的体格和容貌。
维生素E	推荐食物：植物油、黑芝麻、坚果、猕猴桃 维生素E还能促进孕妈妈新陈代谢，增强机体耐力，提高免疫力，改善皮肤血液循环，增强肌肤细胞活力，是孕妈妈最好的美容养颜伴侣。

♥ 妈妈变化：乳头颜色加深

　　孕早期就开始柔软胀大的乳房，现在继续变大，乳头和乳晕的颜色加深。由于体内血液增多，孕妈妈心跳也会加快，呼吸时，会比平常多吸收 40%~50% 的空气。这一切都是孕期必经的过程，孕妈妈会慢慢适应。

▶ 宜常吃芹菜

　　芹菜富含蛋白质、碳水化合物、维生素和矿物质，其中钙和磷的含量很高，还含有甘露醇、挥发油等人体不可缺少的植物性化学物质。孕妈妈常吃可以帮助消化，还能预防妊娠高血压综合征。

▶ 不宜多吃西瓜

　　适量吃西瓜可以利尿，但吃太多容易造成身体水分流失，在饭后吃一两小块就够了。胎动不安和有先兆流产的孕妈妈要忌吃西瓜。

▶ 不宜吃罐头

　　罐头在加工的过程中，往往会添加一些食品添加剂，如甜味剂、香精等，这些人工合成的化学物质会对胎宝宝产生危害。而且罐头在加工、运输、存放的过程中，如果密封不好或消毒不彻底，还会造成细菌污染。

▶ 不宜多吃柑橘

　　柑橘味香汁甜，而且营养丰富，但对现在的孕妈妈来说，就不宜多吃了。因为柑橘性温味甘，补阳益气，吃多了容易引起燥热而使人上火，出现口腔炎、牙周炎和咽喉炎等。孕妈妈每天吃柑橘不应该超过 3 个，总重量控制在 250 克以内。

茎叶充实肥嫩的芹菜为佳，做汤能使人安眠入睡，皮肤也更有光泽。

第11周

补钙
三餐推荐

除了补充足够的蛋白质，孕妈妈补钙的同时还要补充维生素E等营养素，以保证胎宝宝这一时期对营养素，尤其是钙的需求。饮食上还应多吃萝卜、冬瓜等水分充足的蔬菜，不要吃罐头及腌制类食物。

胡萝卜小米粥
（馒头）

此粥富含维生素E、矿物质，小米粥养胃开胃，也可以促进孕妈妈皮肤的新陈代谢。

原料：胡萝卜50克，小米30克。

做法：❶胡萝卜洗净去皮，切成块；小米淘洗干净，备用。❷将胡萝卜块和小米一同放入锅内，加清水大火煮沸。❸转小火煮至胡萝卜绵软，小米开花即可。

（这样吃更健康）加点豆类食物混合食用，可以起到营养互补的作用。

食材可替换 小米用小火熬煮至粥稠，关火前加点肉松，孕妈妈更爱吃。

肉末炒芹菜
（米饭、鸡血豆腐汤）

芹菜富含蛋白质和膳食纤维，可促进肠道蠕动，利于排便。

原料：瘦肉150克，芹菜200克，酱油、料酒、葱花、姜末、盐、植物油各适量。

做法：❶瘦肉洗净，切丁，然后用酱油、料酒调汁腌制；芹菜择洗干净，切丁。❷油锅烧热，先下葱花、姜末煸炒，再下肉丁大火快炒，放入芹菜丁，炒至熟时，烹入酱油和料酒，加盐调味。

（这样吃更健康）胃肠功能不佳的孕妈妈不宜多吃芹菜。

食材可替换 瘦肉与芹菜一起做成馅，包成饺子后，入蒸锅蒸食，咬一口汁多味香。

| 日间加餐 | 晚餐 | 晚间加餐 |

盐焗核桃

原料： 核桃仁 30 克，盐适量。

做法： ❶核桃仁洗净后控干水分。❷炒锅里放入适量的盐，炒热后加入核桃仁翻炒，炒至核桃颜色变深，用笊篱分离出核桃即可。

（这样吃更健康）虽然核桃属于坚果，但有一定的油脂含量，所以一次别吃太多。

肉末豆腐羹

（米饭、糖醋藕片）

这道肉末豆腐羹是获得优质蛋白质、维生素和矿物质、卵磷脂的良好来源，孕妈妈胃口不好的时候可以吃一碗肉末豆腐羹。

原料： 豆腐 100 克，肉末 50 克，水发黄花菜 15 克，酱油、盐、水淀粉、葱末、高汤各适量。

做法： ❶豆腐切丁；黄花菜洗净，切碎丁。❷高汤倒入锅内，加入肉末、黄花菜、豆腐、酱油、盐，煮至豆腐中间起蜂窝、浮于汤面时，以水淀粉勾芡，撒上葱末即可。

（这样吃更健康）孕妈妈不宜吃新鲜黄花菜。

鸡蛋益血安胎饮

原料： 桑寄生 100 克（中药店有售），鸡蛋 1 个，红糖适量。

做法： ❶鸡蛋洗净，同桑寄生一起放入瓦煲，加适量清水煲 1.5 小时。❷加入红糖，取出蛋去壳。❸食蛋饮桑寄生汁，可饮数次。

（这样吃更健康）桑寄生性平，味苦、甘，入肝、肾经，此饮具有安胎、强壮筋骨、养血祛风的功效。

食材可替换 盐焗杏仁也是非常经典的健康小零食。杏仁中所含的维生素 E 同样满足孕妈妈的需求。

食材可替换 黄花菜焯熟，与胡萝卜丝、芹菜一同凉拌，就成了一道清淡爽口的下饭菜。

食材可替换 香油和蜂蜜加入温开水也可以预防口干渴、贫血，起到解毒健脾、润燥消肿的功效。

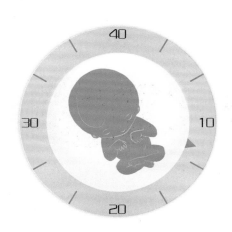

第 **12** 周

♥ 宝宝变化：声带发育

胎宝宝身长可达6厘米左右，体重约13克。手指和脚趾已经分开，指甲和毛发也在生长，声带也开始发育。本周胎宝宝脊柱轮廓发育明显，脊柱神经开始生长。

▶ 饮食指导：根据医嘱，补充复合维生素

如果孕妈妈的妊娠反应严重影响了正常进食，可在医生建议下适当补充复合维生素片。同时，在有胃口时多补充奶类、蛋类、豆类食物。想吃肉类食物时，可选择红肉烹制；想吃清淡的就选择鱼、虾等食材清蒸、清炒；如果什么肉都吃不下去，可以选择口蘑、鸡腿菇等菌类。

▶ 营养重点：维生素E、碳水化合物

维生素E	推荐食物：植物油、黑芝麻、猕猴桃、坚果
	维生素E具有很强的抗氧化作用，可以预防大细胞性溶血性贫血，在孕早期常被用于保胎安胎。缺乏维生素E，不仅会影响胎宝宝的发育，而且孕妈妈还容易出现毛发脱落、皮肤多皱等现象。
碳水化合物	推荐食物：玉米、小麦、红薯、土豆、甜瓜、葡萄
	碳水化合物是生命细胞结构的主要成分及主要供能物质，并且有调节细胞活动的重要功能。孕妈妈膳食中缺乏碳水化合物，将导致疲乏、血糖含量降低，产生头晕、心悸等症状，严重者会导致妊娠期低血糖昏迷。碳水化合物的主要食物来源有糖类、谷物类、薯类等。孕妈妈平时多吃一些面食、点心、红薯、土豆等，都可以补充一定量的碳水化合物。

营养师有话说

如果孕妈妈没有出现维生素缺乏症，就没有必要补充复合维生素。维生素广泛存在于我们平时吃的食物之中，有些维生素人体也能自己生产。例如：绿色蔬菜和胡萝卜、动物内脏中有较多的维生素A；粗粮、肝中有较多的B族维生素；植物油、坚果中有较多的维生素E……保持健康规律的生活方式和良好的饮食习惯，可以得到孕妈妈所需的大多数维生素。

♥ 妈妈变化: 腰变粗了

现在，孕妈妈的腰开始变粗了，属于孕妈妈的美丽弧线慢慢开始出现了，腰腹下面，正孕育着一个新生命，蕴藏着一个幸福的开始，孕妈妈会感到很有成就感。

▶宜保证足够的饮水量

孕妈妈要担负自己和胎宝宝两个人的代谢任务，因此新陈代谢旺盛，主要表现在心跳加速、呼吸急促、容易出汗、排泄增加等，因此孕妈妈要保证足够的饮水量。多饮水还可以预防便秘，有助于保持泌尿系统的洁净。

孕妈妈每天的饮水量应该保证在 2000 毫升左右，除了平时喝的白开水、蔬菜汤，还要将含水多的蔬果也计算在内。

▶宜适量吃全麦食物

全麦食物包括麦片粥、全麦饼干、全麦面包等。麦片可以使孕妈妈保持充沛的体力，还能降低体内胆固醇的水平。不要买那些口味香甜、精加工的麦片，天然的、没有添加糖或其他成分的麦片最好。

▶不宜长期喝纯净水

纯净水的 pH 值一般在 7 以下，偏酸，而人体血液的 pH 值在 7.35~7.45 之间，呈弱碱性。长期喝纯净水会影响人体的酸碱平衡，机体在调节时就会动用人体储存的矿物质，使需要充足矿物质的身体呈缺乏状态，不利于孕妈妈和胎宝宝的健康。

▶不宜晚饭吃得过饱

如果晚饭吃得太多，就会增加孕妈妈的肠胃负担，特别是饭后不运动就睡觉的话，睡眠时胃肠活动减弱，更不利于食物的消化。晚间孕妈妈的活动量有限，身体在夜间对热量和营养物质的需求不大，只要能维持基础代谢就可以了。

柠檬片配两块冰糖，适宜作为孕妈妈的健康饮品。

第12周

调理
三餐推荐

到本周，孕妈妈孕早期的不适反应会逐渐减轻，胃口相对好转。同时，胎宝宝也正在快速发育，孕妈妈最好多补充蛋白质和碳水化合物、铁、维生素，来满足此时期胎宝宝生长发育的需求。

早餐

阿胶粥
（苹果）

此粥具有补血功效，可帮助孕妈妈预防、改善孕期贫血。

原料： 阿胶粉 10 克，大米 50 克，红糖适量。

做法： ❶将大米淘洗干净。❷锅中放入清水、大米，煮成稀粥。❸待米熟时，调入阿胶粉，加入红糖，溶化即可。

这样吃更健康 喝阿胶粥时，不宜吃油腻食物。

食材可替换 煮粥时，加点红枣和猪肝，同样能起到补铁补血的效果。

午餐

香菇炖鸡
（红枣鸡丝糯米饭、什锦西蓝花）

这道香菇炖鸡富含优质蛋白质和多种矿物质，可促进胎宝宝的发育。

原料： 干香菇 30 克，鸡 1 只，盐、葱段、姜片、料酒各适量。

做法： ❶干香菇用温水泡开；鸡去内脏洗净，放入沸水中焯烫。❷锅内放入清水和鸡，用大火烧开，撇去浮沫，加入料酒、盐、葱段、姜片、香菇，用中火炖至鸡肉熟烂即可。

这样吃更健康 感冒头痛的孕妈妈不宜吃鸡肉。

食材可替换 干香菇也可以与鸭肉炖汤喝，是秋季的一道滋补汤羹，很适合孕妈妈食用。

日间加餐

玫瑰汤圆

此汤富含矿物质和有益脂肪酸，可使孕妈妈身体更强壮。

原料：糯米粉 200 克，黑芝麻糊 100 克，玫瑰蜜 1 小匙，白糖、黄油、盐、樱桃各适量。

做法：❶黑芝麻糊加黄油、白糖、玫瑰蜜、盐搅匀成馅料。❷糯米粉加温水调成面团，揉光，做剂子，包入馅料做成汤圆。❸汤圆入沸水锅中，小火煮至汤圆浮出水面 1 分钟后，捞入碗中，点缀樱桃即成。

（这样吃更健康）胃肠功能不佳的孕妈妈应少吃。

（食材可替换）　汤圆的馅料可以替换成五仁的、蓝莓酱的，根据自己的口味随意更换。

晚餐

什锦果汁饭
（油菜蘑菇汤）

此饭中维生素、膳食纤维含量丰富，能满足胎宝宝对多种营养素的需求。酸酸甜甜的味道，还能使孕妈妈吃出好心情。

原料：大米 100 克，牛奶 150 毫升，苹果丁、葡萄干各 30 克，白糖、水淀粉各适量。

做法：❶大米放入锅内，加入牛奶和清水焖成软饭，加入白糖拌匀。❷将苹果丁、葡萄干放入另一个锅内，加水和白糖烧沸，用水淀粉勾芡后浇在米饭上。

（这样吃更健康）血糖异常的孕妈妈不宜过量吃。

（食材可替换）　也可以用西米与水果丁一同熬煮，做成水果西米露，温食更健康。

晚间加餐

草莓汁

草莓汁酸甜适口，特别开胃，其中富含有机酸、膳食纤维，还有美容养颜的功效。

原料：草莓 200 克，蜂蜜适量。
做法：❶将草莓洗净、去蒂，放入榨汁机中，加适量温开水榨取汁液，倒入杯子内，加入蜂蜜即可饮用。❷也可以放少量水，制成浓汁，拌上蜂蜜后饮用。

（这样吃更健康）不要食用畸形草莓，畸形往往是滥用激素造成的。

（食材可替换）　草莓还可切块，与其他水果搭配，加酸奶拌匀，就成了一道可口又营养的加餐。

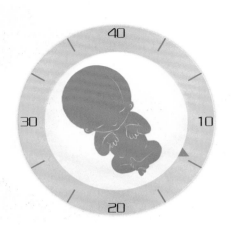

第 **13** 周

♥ 宝宝变化：能感受到声音了

此时的胎宝宝身长 6 厘米，重约 15 克。虽然胎宝宝的耳朵大约要到 24 周时才会完全发育成形，但此时已经可以通过皮肤的震动来感受声音，孕妈妈可以放一些优美的音乐给他听了。

▶ 饮食指导：补钙

现在是胎宝宝长牙根的时期，对钙的需求量增加。如果钙供给不足，胎宝宝就会抢夺孕妈妈体内储存的钙；严重缺乏时，胎宝宝容易得"软骨病"。因此，继续补充钙和维生素 D，对胎宝宝拥有一口好牙极其重要，同时也有利于骨骼发育。孕妈妈补钙要多吃黑芝麻、紫菜、海鱼、牛奶、豆制品、鸡蛋、海带等。

好的干贝粒肚胀圆满，无碎肉，色泽浅黄，手感干燥有香气。

▶ 营养重点：钙、维生素 B₁、蛋白质

钙	推荐食物：牛奶、豆制品、虾、干贝 黄豆和豆制品是钙的优质来源，其钙的含量丰富且吸收率高。不过含钙高的食物要避免和草酸含量高的食物一同烹制。虽然吃豆制品有利于获取蛋白质，但也不能把豆制品当作一日三餐的主食。
维生素 B₁	推荐食物：谷类、豆类、干果、绿叶蔬菜、粗粮 维生素 B₁ 被称为"神经性的维生素"，不但对神经组织和精神状况有良好的影响，还参与糖的代谢，对维持胃肠道的正常蠕动、消化腺的分泌、心脏及肌肉等的正常功能起重要作用。胎宝宝需要维生素 B₁ 来帮助生长发育，维持正常的代谢。
蛋白质	推荐食物：鸡蛋、瘦肉、牛奶、鱼、豆制品 奶类如牛奶，肉类如牛肉、羊肉等，蛋类如鸡蛋、鸭蛋等，以及鱼、虾等海产品，还有豆制品，都是补充蛋白质的极好食物，其中以黄豆的含量最高。此外，像芝麻、花生、核桃、松子等的蛋白质含量均较高。

♥ 妈妈变化: 妊娠反应减轻

孕妈妈的妊娠反应开始逐渐消失，胃口好转，但是腹部沉重感、尿频的情况依然存在。值得欣慰的是，胎盘已经形成，流产的可能性大大降低，孕妈妈进入到最为舒服的孕中期了。

▶宜适量吃些海苔

海苔浓缩了紫菜中的 B 族维生素，特别是核黄素和烟酸的含量十分丰富。它含有丰富的矿物质，有助于维持人体内的酸碱平衡，而且热量很低，膳食纤维含量很高，对孕妈妈来说是不错的零食。但孕妈妈在选择海苔时要选择低盐类的，避免摄入过多盐。

▶宜适量吃玉米

玉米粒中富含的维生素 E 有助于安胎，可以预防习惯性流产。而且玉米中的维生素 B_1 能增进孕妈妈的食欲，促进胎宝宝发育，提高神经系统的功能。玉米中还含有丰富的膳食纤维，能加速致癌物质和其他有毒物质的排出，防止孕妈妈便秘。

▶不宜过量补钙

孕妈妈缺钙可诱发小腿抽筋或手足抽筋，胎宝宝也易得先天性佝偻病和缺钙抽搐。但是如果孕妈妈补钙过量，胎宝宝可能患高血钙症，不利于胎宝宝发育，且有损胎宝宝颜面美观。

到了孕中期，孕妈妈每天的需钙量，增加到 1000 毫克。如果自身不缺钙，只要从日常的鱼、肉、蛋、奶等食物中合理摄取即可，不需要单独补充钙剂。

▶孕 4 月孕妈妈指标一览表

体形	肚子明显变大，"孕味"十足。
子宫	如成人的拳头大小，开始和身体的其他内部器官争夺"地盘"。
乳房	继续增大，乳晕颜色变深。
体重	体重增长加快，但要加以控制，以每周增加 0.35 千克为宜。
妊娠反应	逐渐减弱，迎来最为舒适的孕中期。
情绪	孕妈妈心情变好，能切身体会到孕育的美好。

补钙
三餐推荐

胎宝宝的生长开始加快，孕妈妈的胃口也好了起来，但是也不能想吃多少就吃多少。要知道，孕期的营养贵在合理和平衡，如果过度肥胖就会危及胎宝宝和自身的健康。

早餐

香菇荞麦粥
（煮鸡蛋）

香菇含有丰富的 B 族维生素和钙，荞麦富含多种维生素和矿物质。适当吃些香菇荞麦粥，有利于孕妈妈的健康。

原料： 大米 50 克，荞麦 20 克，干香菇 2 朵。

做法： ❶干香菇泡发，切成细丝。❷大米和荞麦淘洗干净，放入锅中，加适量水，开大火煮。❸沸腾后放入香菇丝，转小火，慢慢熬制成粥。

（这样吃更健康）孕妈妈一次不可食用过多荞麦，否则易造成消化不良。

（食材可替换）　熬香菇荞麦粥时，也可以放入鸭肉丝或鸡肉丝，再酌加盐和蔬菜，就成了一道肉菜粥。

午餐

海鲜炒饭
（西红柿炖豆腐）

海鲜含丰富的蛋白质和钙，可以有效地为孕妈妈和胎宝宝补充营养。

原料： 米饭 100 克，鸡蛋 1 个，小墨鱼、虾仁、干贝各 15 克，葱末、水淀粉、盐、植物油各适量。

做法： ❶小墨鱼、干贝、虾仁洗净，放入碗中加水淀粉和蛋清拌匀，放入滚水中汆烫，捞出；蛋黄倒入热油锅中煎成蛋皮，切丝。❷爆香葱末，放入虾仁、小墨鱼、干贝拌炒，加入米饭、盐炒匀，盛入盘中，摆上蛋丝即可。

（这样吃更健康）体重增长过快的孕妈妈可改焖的方式，减少油量，吃起来更健康。

（食材可替换）　不喜欢吃海鲜，可以用洋葱丁、蒜薹丁、土豆丁、鸡蛋炒米饭。

日间加餐	晚餐	晚间加餐

苹果玉米汤

此汤具有明显的利尿效果，有利于消除孕期水肿；还可以使孕妈妈的眼睛清澈明亮，胎宝宝的皮肤更有光泽。

原料： 苹果 1 个，玉米半根。
做法： ❶苹果洗净，去核、去皮，切块；玉米剥皮洗净后，切成块。❷把玉米、苹果放入汤锅中，加适量水，大火煮开，再转小火煲 40 分钟即可。❸也可适量加些白糖或冰糖调味。

这样吃更健康 有胃病、消化不良的孕妈妈最好不要吃。

蔬菜鱼丸煲
（牛肉卤面）

这道菜可以为孕妈妈提供充足的维生素和蛋白质，是补充营养的好选择。

原料： 洋葱、胡萝卜、鱼丸、西蓝花、各 30 克，盐、白糖、酱油、植物油各适量。
做法： ❶洋葱、胡萝卜分别去皮、洗净、切丁；西蓝花洗净、切块。❷油锅烧热，倒入洋葱、胡萝卜，翻炒至熟，加水烧沸，放入鱼丸、西蓝花，熟后加盐、白糖、酱油调味。

这样吃更健康 炒制洋葱时加少许白葡萄酒，可使味道更鲜美。

猕猴桃酸奶
（土豆饼）

猕猴桃中丰富的维生素 C 和膳食纤维，可帮助孕妈妈消化，预防便秘。

原料： 猕猴桃 1 个，酸奶 250 毫升。
做法： ❶猕猴桃剥皮、切块。❷将猕猴桃、酸奶放入榨汁机中，搅拌均匀即可。

这样吃更健康 孕妈妈不宜空腹饮用猕猴桃酸奶，以免引起腹痛、腹胀。

食材可替换 加一片生姜煮水，还能缓解孕妈妈呕吐的症状。

食材可替换 也可以将素丸子或猪肉丸子做成汤，能满足孕妈妈不同口味的需求。

食材可替换 猕猴桃丁还可以与芒果丁、葡萄干一同做成沙拉，就成了另一种营养加餐。

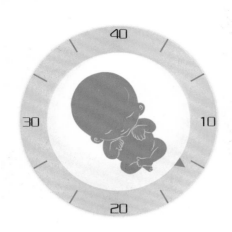

第 **14** 周

♥ 宝宝变化：长指纹了

胎宝宝的眼睑仍然紧闭着，肝脏开始工作，肾脏功能日益完善和发达，血液循环开始进行，甲状腺开始起作用。最神奇的是，胎宝宝的手指上已经长出指纹了。

▶ 饮食指导：补碘，预防甲状腺功能低下

胎宝宝的甲状腺开始起作用，能够自己制造激素了。甲状腺功能活跃时，碘的需求量增加。甲状腺素能促进蛋白质的生物合成，促进胎宝宝生长发育。如果孕妈妈摄入不足，可能会使胎宝宝发育期，大脑皮质中主管语言、听觉和智力的部分不能得到完全分化和发育。

▶ 营养重点：碘、维生素 D、脂肪

碘	推荐食物：海带、海鱼、紫菜、虾、海蜇 孕妈妈每天碘的摄入量应在 175 微克左右，最好由蔬菜和海产品提供，多吃含碘丰富的食物，并坚持食用加碘食盐。
维生素 D	推荐食物：鱼肝油、牛奶、蛋黄 维生素 D 是固醇类衍生物，补充维生素 D 有助于预防胎宝宝出现佝偻病，因此也被称为抗佝偻病维生素。虽然植物中不含维生素 D，但维生素 D 原在动植物体内都存在，孕妈妈通过动物性食物和植物性食物都可以获取维生素 D。
脂肪	推荐食物：植物油、瘦肉、花生、芝麻、蛋黄 胎宝宝进入快速生长阶段，孕妈妈应注重脂肪的补充。如果缺乏，孕妈妈可能会发生脂溶性维生素缺乏症，会影响胎宝宝心血管和神经系统的发育和成熟。

营养师有话说

除了虾、海鱼、海带等海产品外，碘盐是补碘的另一种方式。孕期碘的摄入量为每日 175 微克，相当于每日食用 6 克碘盐。对于不常吃海产品的孕妈妈而言，更要坚持食用碘盐。但也不要为了补碘而多吃碘盐，这样会增加肾脏负担，加重水肿症状。

♥ 妈妈变化：容易便秘

由于孕激素的作用，孕妈妈的小肠平滑肌运动减慢，同时，肠道还受到日益增大的子宫压迫，从而影响了正常的功能，容易出现便秘的现象。孕妈妈出现便秘的症状，要多吃蔬菜和坚果。

▶宜用食物预防妊娠斑

约 1/3 的孕妈妈会产生妊娠斑，但没必要太担心，等宝宝出生后会自然淡化、消失的。妊娠斑防治的好方法就是补充维生素。含有丰富维生素的水果如猕猴桃、西红柿、草莓等，及富含维生素 B_6 的奶制品，对于预防妊娠斑都非常有效。

▶宜适当吃些奶酪

奶酪是牛奶"浓缩"的精华，具有丰富的蛋白质、B 族维生素、钙和多种有利于孕妈妈吸收的微量营养成分。天然奶酪中的乳酸菌有助于孕妈妈肠胃对营养的吸收。所以，孕妈妈适当吃些奶酪，不仅可以补钙，还能防止便秘。

▶不宜吃芦荟

芦荟是凉性的，能扩张毛细血管，引起子宫收缩，孕妈妈吃芦荟可能引起子宫内壁充血。所以，孕妈妈尽量不要吃芦荟和含有芦荟的食物，如芦荟汁、芦荟酸奶等。

▶不宜吃马齿苋

马齿苋性寒凉，有明显的兴奋作用，容易引发小产。由于马齿苋常用来做凉拌菜，所以，爱吃凉拌菜的孕妈妈需要多加注意。

▶不宜多吃梨

梨的营养价值很高，但也不能随意多吃。由于梨性凉，多吃会伤脾胃，所以，脾胃虚寒、畏冷食的孕妈妈要少吃。孕妈妈吃梨可以隔水蒸过或者入汤煮熟后再吃。

切片奶酪含钙量较高，一片奶酪配一个苹果，营养互补，食用方便。

第14周

补碘
三餐推荐

胎宝宝的甲状腺开始工作，对碘的需求量增加。孕妈妈要适当多吃一些海带、紫菜、虾等含碘丰富的食物，同时还要注重维生素D、脂肪和膳食纤维的补充。

早餐 | 午餐

三鲜馄饨
（苹果）

三鲜馄饨富含钙和维生素 D，可促进孕妈妈对钙的吸收。

原料： 瘦肉 250 克，馄饨皮 300 克，蛋皮 50 克，虾仁 20 克，紫菜 10 克，香菜末、盐、高汤、香油各少许。

做法： ❶瘦肉洗净剁碎，加盐拌成馅。❷馄饨皮包入馅，包成馄饨。❸在沸水中下入馄饨、虾仁、紫菜；加一次冷水，待再沸捞起放在碗中。❹在碗中放入蛋皮、香菜末，加入盐、高汤，淋上香油即可。

（这样吃更健康）患有甲亢的孕妈妈少吃含碘丰富的食物。

食材可替换　瘦肉也可换成羊肉，做成羊肉馅的馄饨，味道鲜美，蛋白质含量不打折。

鸭块白菜
（米饭、糖醋排骨）

鸭肉中含有丰富的 B 族维生素和维生素 E，可预防炎症的发生，加强孕妈妈的抗病能力。浓香的鸭肉与清甜的白菜同煮，很合孕妈妈的胃口。

原料： 鸭肉 200 克，白菜 150 克，料酒、姜片、盐各适量。

做法： ❶将鸭肉洗净，切块；白菜洗净，切段。❷将鸭块放入锅内，加水煮沸去血沫，加入料酒、姜片，用小火炖至八成熟时，将白菜倒入，一起煮至熟烂，加入盐调味即可。

（这样吃更健康）孕妈妈不宜吃鸭皮。

食材可替换　将熟鸭肉裹在薄饼里，加点甜酱和黄瓜丝，就成了独具风味的酱鸭肉卷饼。

日间加餐

南瓜饼

南瓜营养丰富，其富含的胡萝卜素可以在人体内转化为维生素A，从而利于胎宝宝骨骼生长，预防佝偻病。

原料： 南瓜300克，糯米粉300克，白糖、红豆沙各适量。

做法： ❶南瓜去子，洗净后包上保鲜膜，放入微波炉中加热。❷挖出南瓜肉，加糯米粉、白糖，和成面团。❸将红豆沙搓成小圆球，包入豆沙馅成饼胚，上锅蒸10分钟即可。

这样吃更健康 南瓜很有营养，孕妈妈吃南瓜可以抵抗疾病又可以美容，但是湿热体质的孕妈妈不宜多吃南瓜。

食材可替换 红豆馅也可换成红薯馅，对预防便秘也有好处。

晚餐

百合粥

（凉拌空心菜、海米海带丝）

百合中含有多种维生素和矿物质，还具有宁心安神的功效。用百合煮粥，非常适合孕妈妈吃。

原料： 百合20克，大米30克，冰糖适量。

做法： ❶百合掰成小瓣，洗净；大米洗净。❷将大米放入锅内，加适量清水，快煮熟时，加入百合、冰糖，煮成稠粥即可。

这样吃更健康 冰糖不宜放入过多。

食材可替换 新鲜百合也可以和西芹同炒，清清爽爽，孕妈妈一定爱吃。

晚间加餐

西米火龙果

火龙果中花青素和膳食纤维含量丰富，可促进肠道蠕动，有助于排便。

原料： 西米100克，火龙果1个，白糖、水淀粉各适量。

做法： ❶西米用开水泡透；火龙果对半剖开，果肉切成小粒。❷锅加水，加入白糖、西米、火龙果粒一起煮开。❸用水淀粉勾芡后盛入碗内。

这样吃更健康 血糖异常的孕妈妈应尽量减少水果和白糖的摄入量。

食材可替换 芋头蒸熟压成泥，放入糖水中煮，再放入西米和椰汁一同煮熟，就成了芋泥西米露。

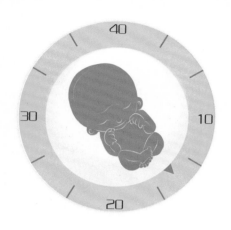

第 **15** 周

♥ 宝宝变化：长出了胎毛

胎宝宝身上长出了胎毛，辅助协调体温，眉毛和头发也在零星地生长。这时的胎宝宝会做许多小动作：握拳、皱眉头、吸吮大拇指等，这些小动作可以促进胎宝宝的大脑发育。

▶ 饮食指导：补充 β- 胡萝卜素

在本月，胎宝宝腿的长度会超过胳膊，孕妈妈要适当摄取 β- 胡萝卜素了。β- 胡萝卜素被誉为"健康卫士"，能够保护孕妈妈和胎宝宝的皮肤细胞和组织健全，特别能保护胎宝宝视力和骨骼的正常发育。此外，由于其在人体内可以转化成维生素 A，故有"维生素 A 原"之称。

▶ 营养重点：β- 胡萝卜素、维生素 C、蛋白质

β- 胡萝卜素	推荐食物：胡萝卜、西蓝花、红薯、芒果、哈密瓜、甜瓜
	孕妈妈每日摄取 6 毫克 β- 胡萝卜素，相当于每天食用 1 根胡萝卜，就能满足自身和胎宝宝的营养所需。β- 胡萝卜素主要存在于深绿色或红黄色的蔬菜和水果中，大体上，越是颜色强烈的水果或蔬菜，含 β- 胡萝卜素越丰富。
维生素 C	推荐食物：红枣、橙子、西蓝花、西红柿、猕猴桃
	维生素 C 因能够预防坏血病，而被称为抗坏血酸，它还能够促进胶原组织形成，维持牙齿和骨骼的发育，使胎宝宝的皮肤细腻。
蛋白质	推荐食物：鸡蛋、牛奶、豆浆、鸡肉、鲫鱼
	在孕早期，蛋白质每天的摄入量应在 70~75 克为宜；到了孕中期，应该保证在 80~85 克；到了孕晚期，要增加到每天 85~100 克。

♥ 妈妈变化：牙龈红肿

由于孕期激素分泌的增加，孕妈妈牙龈组织的血管在扩张，敏感度也在增强，这导致了孕妈妈的牙龈出现红肿的现象，刷牙的时候很容易牙龈出血。

▶宜常补充维生素C

孕期激素的分泌有时候会对孕妈妈某些部位的皮肤造成不良的影响，如雌激素会抑制油脂分泌，使皮肤变得干燥。而维生素C是体内有害物质的清除剂，能够帮助皮肤排出毒素，使皮肤变得白皙光滑。所以孕妈妈应常吃富含维生素C的食物，如猕猴桃、西红柿、草莓、葡萄等。

▶宜常吃山药

山药含有黏蛋白、淀粉酶、皂苷、游离氨基酸、多酚氧化酶等物质，且含量较为丰富，滋补的效果很好。而且山药能增强免疫力，对细胞免疫和体液免疫都有促进作用，孕妈妈可以放心吃。常吃山药，补气健脾，胃口好营养吸收就好，也可以促进胎宝宝的生长发育。

▶不宜用水果代替蔬菜

由于水果富含维生素、碳水化合物和多种矿物质，而且口味丰富，因此许多孕妈妈喜欢吃水果，甚至把水果当蔬菜吃。有的孕妈妈为了生个健康、漂亮、皮肤白净的宝宝，就在孕期拼命吃水果，其实这是片面的、不科学的。

与蔬菜相比，水果中的膳食纤维含量并不多，而且碳水化合物的含量较高，以水果代替蔬菜，不仅减少了膳食纤维的摄入，还可能引发孕妈妈肥胖或血糖过高等问题。

山药营养丰富且有纤体的作用，但孕妈妈最好不要沾糖吃。

第15周

补钙三餐推荐

到了孕中期，胎宝宝进入快速发育阶段，对热量的需求在增加，牙根和骨骼的发育对钙和多种维生素的需求量也在增加。这一时期，孕妈妈要多吃一些高热量的食物以及富含钙和维生素的食物。

早餐

南瓜包
（豆浆）

南瓜富含维生素 A、维生素 C 和矿物质，做成的包子美味又营养。

原料： 南瓜 150 克，糯米粉 150 克，藕粉 50 克，鲜香菇 5 朵，白糖、植物油各适量。

做法： ❶南瓜洗净，去皮去瓤，煮熟后压碎，加入糯米粉和藕粉，揉匀；鲜香菇洗净切丝。❷香菇丝入油锅炒香，加入白糖制成馅。❸将揉好的南瓜糯米团等分成大小合适的小剂子，擀成包子皮，包入香菇馅，蒸熟即可。

（这样吃更健康）血糖异常的孕妈妈适合常吃南瓜。

（食材可替换）包子里的馅可以按孕妈妈的喜好换成其他食材。

午餐

干烧黄花鱼
（排骨汤面）

黄花鱼中富含蛋白质和 B 族维生素，可促进胎宝宝生长。

原料： 黄花鱼 200 克，鲜香菇 4 朵，五花肉 50 克，葱段、蒜片、姜片、料酒、酱油、白糖、盐、植物油各适量。

做法： ❶黄花鱼去鳞及内脏，洗净；鲜香菇洗净，切小丁；五花肉洗净，按肥瘦切成小丁。❷油锅烧热，放入黄花鱼，一面呈微黄色时翻面。❸油锅烧热，放入肥肉丁和姜片，用小火煸炒，再放入所有食材和调料，加水烧开，转小火，15 分钟后，加适量盐调味。

（这样吃更健康）易过敏的孕妈妈不宜吃黄花鱼。

（食材可替换）黄花鱼加水炖时，再在锅边贴一圈金黄的玉米饼，玉米饼和黄花鱼搭配，味道更香甜。

日间加餐

香蕉银耳汤

香蕉富含碳水化合物、维生素和钙、磷、钾等多种矿物质，银耳富含硒和多糖成分，常吃有助于提高孕妈妈的免疫力。

原料：银耳20克，香蕉1根，冰糖适量。

做法： ❶银耳浸泡，洗净，撕小朵；香蕉去皮，切片。❷银耳放入碗中，加入清水，放蒸锅内蒸30分钟取出；再与香蕉片一同放入煮锅中，加水，用中火煮10分钟，最后加入冰糖。

（这样吃更健康）孕妈妈不宜吃过多冰糖。

（食材可替换）银耳与紫薯搭配煮汤，孕妈妈常吃还能滋补美容。

晚餐

香菇鸡汤面
（馒头、鱼香猪肝）

胡萝卜中富含的β-胡萝卜素可促进胎宝宝骨骼和视力的发育。

原料：细面条200克，鸡胸肉100克，胡萝卜1根，鲜香菇4朵，鸡汤、葱花、盐各适量。

做法： ❶鸡胸肉洗净，切片，入锅中加盐煮，煮熟盛出。❷胡萝卜洗净，去皮，切片；鸡汤加盐调味；鲜香菇入油锅略煎。❸煮熟的面条盛入碗中，把胡萝卜片和鸡胸脯肉摆在面条上，淋上热鸡汤，再点缀上葱花和煎好的香菇。

（这样吃更健康）脾胃虚寒的孕妈妈不宜吃香菇。

（食材可替换）面条中的鸡肉也可以用猪肉末代替，香菇与猪肉搭配，补益作用更强。

晚间加餐

奶炖木瓜雪梨
（全麦饼干）

奶炖木瓜雪梨是孕妈妈补充蛋白质、β-胡萝卜素和维生素的很好选择，孕妈妈常吃既能提高免疫力，又能美容养颜，而且对胎宝宝的健康发育很有益。

原料：牛奶250毫升，梨100克，木瓜150克，蜂蜜适量。

做法： ❶梨、木瓜分别用水洗净，去皮，去核（瓤），切块。❷梨、木瓜放入炖盅内，加入牛奶和适量水，盖好盖，先用大火烧开，改用小火炖至梨、木瓜软烂，加入蜂蜜调味即可。

（这样吃更健康）这道奶炖木瓜雪梨很适合孕妈妈在秋季吃。

（食材可替换）也可以将冰糖熬化，然后放入梨块和木瓜块，就成了甘甜的美味。

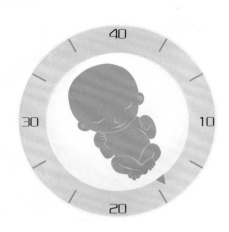

第16周

♥ 宝宝变化: 可以分出男女了

第16周的胎宝宝越来越有小模样了, 胳膊和腿已经长成, 手指甲已经形成, 关节也能灵活活动了。现在已经可以通过B超分辨出胎宝宝的性别了。

▶ 饮食指导: 补充维生素C, 促进胎宝宝对铁的吸收

怀孕期间缺乏维生素C, 不仅会影响孕妈妈对铁的吸收, 易出现孕期贫血, 还会引发牙龈肿胀、出血、牙齿松动等, 并且会影响胎宝宝对铁的吸收, 导致胎宝宝出现先天性贫血及营养不良。

▶ 营养重点: 维生素C、铁、锌

维生素C	推荐食物: 红枣、西兰花、猕猴桃、橙子、柚子、番石榴、南瓜、菜花
	孕期维生素C的推荐量为每天130毫克。满足这个需求量的有: 2个猕猴桃, 150克菜花, 1个柚子, 半个番石榴, 250毫升橙汁中的任何一种。
铁	推荐食物: 瘦肉、猪肝、鸭血、葡萄干、香菇、菠菜
	食物中的铁分为血红素铁和非血红素铁, 血红素铁主要存在于动物血液、肌肉、肝脏之中, 非血红素铁存在于植物性食物中。补铁的同时注意维生素C的补充, 这样有利于铁的吸收。
锌	推荐食物: 牡蛎、瘦肉、猪肝、鱼类、香菇、松子
	缺锌会造成孕妈妈的嗅觉、味觉异常, 食欲减退, 消化和吸收功能不良。不过孕妈妈要注意的是, 锌每天的摄入量不能超过20毫克。

营养师有话说

维生素C多存在于新鲜的蔬菜和水果中, 水果中的柚子、草莓、猕猴桃等, 蔬菜中的西红柿、菜花、南瓜等, 都是维生素C含量较高的食物。富含维生素C的蔬菜应该先洗后切, 烹炒时速度要快, 这样能减少维生素C的流失。孕妈妈只要常吃新鲜的水果和蔬菜, 一般不会缺乏维生素C。

♥ 妈妈变化：肚子凸显起来

现在孕妈妈的肚子一天比一天大，有时会感到腹部一侧有轻微的触痛，这是子宫及子宫两边的韧带和盆骨为适应胎宝宝变化而迅速增大引起的反应，不必担心。

▶ 宜常吃豌豆

豌豆荚和豆苗的嫩叶，富含维生素 C 和能分解体内亚硝胺的酶，具有防癌抗癌的作用。豌豆中富含膳食纤维，能促进大肠蠕动，保持大便通畅，起到清洁大肠的作用。

▶ 不宜喝久沸的水

水在反复沸腾后，水中的亚硝酸银、亚硝酸根离子以及砷等有害物质的浓度相对增加。喝了久沸的水，容易导致血液中的低铁血红蛋白结合成不能携带氧的高铁血红蛋白，从而导致慢性缺氧。

▶ 不宜吃火锅

火锅原料多是羊肉、牛肉等生肉片，还有海鲜鱼类等，这些食物都有可能含有弓形虫的幼虫及其他寄生虫，肉眼看不见。人们在吃火锅时，习惯烫一下就吃，短暂的热烫不能杀死幼虫和虫卵，孕妈妈吃了可能会造成弓形虫感染，对胎宝宝不利。

▶ 不宜服用蜂王浆

蜂王浆等口服液含有激素物质，会刺激子宫，使胎宝宝过大，不利于分娩。还会使胎宝宝体内激素增加，容易导致新生儿假性早熟，所以孕妈妈不宜服用蜂王浆。

孕妈妈肚子渐渐变大，有时会有腹部触痛感，但更多的是孕育宝宝的幸福感。

第16周

补益三餐推荐

胎宝宝继续发育，对维生素C、铁、锌、蛋白质的需求也不断增加。本周孕妈妈要多摄取优质蛋白质、维生素C、铁、锌等营养物质。全面、清淡的饮食是本周的首选，要做到荤素搭配、粗细搭配、生熟搭配、干稀搭配、口味搭配等。

荞麦南瓜米糊
（菠菜鸡蛋饼）

荞麦中铁、锌、锰等的含量比一般的谷物丰富，南瓜则富含维生素C和胡萝卜素，荞麦搭配南瓜是非常适合孕妈妈的营养早餐。

原料： 荞麦50克，南瓜40克。
做法： ❶荞麦洗净，浸泡3小时；南瓜去皮瓤，切成小块。❷将以上所有原料放入豆浆机中，加水至上下水位线之间，按"米糊"键，加工好后倒出即可。

（这样吃更健康）消化功能不佳的孕妈妈不宜多吃荞麦。

（食材可替换）蒸米饭时，也可加少许荞麦，可使米饭清香四溢，吃起来也更美味。

牛肉焗饭
（白萝卜海带汤、松子爆鸡丁）

牛肉富含铁、锌、蛋白质等营养成分，孕妈妈常吃还能增强体力。

原料： 牛肉、大米各100克，菜心100克，姜丝、盐、酱油、料酒、植物油各适量。

做法： ❶牛肉洗净切片，用盐、酱油、料酒、姜丝腌制；菜心洗净，焯烫；大米淘洗干净。❷大米放入煲中，加适量水和少许油，开火煮饭，待饭将熟时，放入牛肉片，10分钟后，把菜心围在煲的边上。

（这样吃更健康）烹调时应以清淡为主，孕妈妈每周宜吃一次牛肉。

（食材可替换）也可以用豌豆、玉米粒、鸡肉丁一同与熟米饭炒食，甜香可口，肉质软嫩。

肉蛋羹

肉类和鸡蛋都富含锌，孕妈妈常吃肉蛋羹，可以促进胎宝宝生长和智力的发育。

原料：瘦肉 60 克，鸡蛋 1 个，香菜叶、盐、香油各适量。

做法：❶ 瘦肉洗净，剁成泥。**❷** 鸡蛋打入碗中，加入和鸡蛋液一样多的凉开水，加入肉泥，放少许盐，朝一个方向搅匀，上锅蒸 15 分钟。**❸** 出锅后，淋上香油，撒适量香菜叶即可。

这样吃更健康 鸡蛋羹不宜蒸太久，否则就失去鲜嫩的口感。

鸡蓉干贝

（花生紫米粥）

干贝富含钙、锌、蛋白质，孕妈妈常吃有补五脏、益精血的功效。

原料：鸡蓉 100 克，干贝碎末 80 克，鸡蛋 2 个，盐、香油、高汤、植物油各适量。

做法：❶ 鸡蓉放入碗内，兑入高汤，打入鸡蛋，用筷子快速搅拌均匀，加入干贝碎末、盐拌匀。**❷** 油锅烧热，将以上材料下入，翻炒，待鸡蛋凝结成形时，淋入香油即成。

这样吃更健康 孕妈妈不宜多吃干贝，否则会影响消化。

豆苗拌银耳

（牛奶）

豆苗中维生素 C、β- 胡萝卜素含量丰富，可提高孕妈妈的免疫力。

原料：银耳 30 克，豆苗 100 克，盐、料酒、水淀粉、香油各适量。

做法：❶ 银耳泡发，去蒂洗净，用沸水浸烫一下。**❷** 豆苗择洗干净，用沸水焯熟。**❸** 锅中放适量水，加盐、料酒，放入银耳煮两三分钟，用水淀粉勾芡，淋上香油，盛入盘内，拌上豆苗即成。

这样吃更健康 豆苗与猪肉同食，对预防妊娠糖尿病有较好的作用。

食材可替换 孕妈妈还可以用虾皮或虾米代替瘦肉，补锌的效果同样很好。

食材可替换 蛤蜊代替干贝，与鸡蛋一同蒸食，味道鲜香，同样能起到补充营养的效果。

食材可替换 豆苗也可以清炒，非常鲜嫩，与肉类菜肴搭配食用，营养更全面。

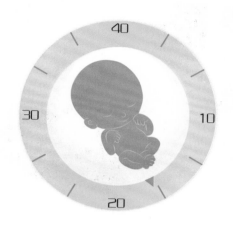

第17周

♥ 宝宝变化：能用手抓住脐带玩

胎宝宝的身长达到了13厘米左右，看上去就像一只梨，体重也和梨差不多，用听诊器可以听到胎宝宝强有力的心跳声。这时候的胎宝宝非常活跃，会不断地吸入和吐出羊水，还经常用手抓住脐带玩。

▶ 饮食指导：补硒

硒对人的生长发育有促进作用，是维持心脏正常功能的重要元素。随着胎宝宝心脏跳动得越来越有力，孕妈妈每天需要补充50微克硒，来保护胎宝宝心血管和大脑的发育。一般来说，2个鸡蛋能提供30微克的硒，2个鸭蛋则能提供61微克的硒。

孕妈妈每天吃1~2个鸡蛋，即可满足硒的需求。

▶ 营养重点：硒、维生素 B_2、蛋白质

硒	推荐食物：猪腰、鱼、虾、海蜇皮、鸡蛋、牛肉
	孕妈妈补硒不仅可以预防妊高征、流产，而且还能减小胎宝宝畸形的概率，每天应该补充50微克。
维生素 B_2	推荐食物：猪腰、鸡肝、紫菜、黑豆、茄子、平菇
	维生素 B_2 参与人体内蛋白质、脂肪和碳水化合物三大产能营养素的代谢过程，缺乏维生素 B_2 会造成这三大产能营养素和核酸的能量代谢无法正常进行，在孕中期会引发口角炎、眼部疾病、皮肤炎症，还会导致胎宝宝营养供给不足，生长发育缓慢。
蛋白质	推荐食物：牛奶、鸡蛋、鱼、豆制品、松子
	蛋白质分为动物性蛋白和植物性蛋白，一般来说，动物性蛋白的营养价值要高于植物性蛋白。但在摄取蛋白质的时候，应该两者兼顾，搭配补充，而不能单补某一类蛋白质。

♥ 妈妈变化：大肚子更明显了

　　随着胎宝宝的生长发育，孕妈妈的子宫不断增大，大肚子愈加明显，身体的重心开始转移，孕妈妈会觉得行动有些不便了，即使是站一会儿也会感到累，现在开始要注意休息了。

▶ 不宜吃过冷的食物

　　如果孕妈妈感觉身体发热、胸口发慌，特别想吃点凉凉的东西。虽然可以适当吃一点，但不能多吃。因为怀孕后孕妈妈的胃肠功能减弱，突然吃进很多冷食物，使得胃肠血管突然收缩，5个月的胎宝宝感官知觉非常灵敏，对冷刺激也十分敏感。过冷的食物还可能使孕妈妈出现腹泻、腹痛等症状。

▶ 不宜只吃精米、精面

　　许多孕妈妈在怀孕期间只吃精细加工后的精米、精面，殊不知这样容易导致营养失衡。长期食用精白米或出粉率低的面粉，如富强粉，会造成维生素和矿物质的缺乏，尤其是 B 族维生素的缺乏，会影响孕妈妈的身体健康和胎宝宝的生长发育。建议孕妈妈适量吃一些粗粮，日常饮食要做到粗细搭配，这样才是健康合理的饮食方案。

▶ 不宜吃皮蛋

　　孕妈妈的血铅水平高，可直接影响胎宝宝正常发育，甚至造成先天性弱智或畸形，所以一定要注意食品安全。皮蛋及罐头食品等都含有铅，孕妈妈尽量不要食用。

▶ 孕 5 月孕妈妈指标一览表

体形	"大腹便便"的孕妈妈。
皮肤	由于雌激素"作怪"，脸上出现了一些斑。
乳房	继续增大，乳晕颜色继续变深，可能会分泌出少量黄色的初乳。
体重	体重继续增加，很多孕妈妈的体重每周增加超过 350 克。
妊娠反应	妊娠反应已基本消失，孕妈妈正处于最舒适的孕中期。
情绪	感受到胎动的孕妈妈，喜欢和胎宝宝交流，心情也会大好。

养胎
三餐推荐

随着胎宝宝心脏功能的日益强大，孕妈妈补硒就显得更加重要。孕妈妈要适量增加日常饮食中鱼、禽、蛋、瘦肉的摄入量，除了能提供优质硒外，这些食物还能提供丰富的脂肪酸、蛋白质、卵磷脂、维生素 A 和维生素 B_2、铁、钙等。

早餐

五仁大米粥
（煮鸡蛋）

五仁大米粥中富含硒等矿物质和蛋白质，可补益胎宝宝大脑。

原料： 大米 30 克，黑芝麻、碎核桃仁、碎松子仁、碎花生仁、瓜子仁、冰糖各适量。

做法： ❶大米煮成稀粥，加入黑芝麻、碎核桃仁、碎松子仁、碎花生仁、瓜子仁。❷加入冰糖，煮 10 分钟即可。

（这样吃更健康）体形偏胖，血脂高的孕妈妈不宜吃太多坚果。

（食材可替换）碎坚果仁也可以做汤圆的馅料，能增强口味，增加营养。

午餐

五香鳊鱼
（米饭、鲜虾芦笋）

鳊鱼中含有维生素 D 和钙、磷、铁等营养成分，可为胎宝宝骨骼和皮肤的生长提供必需的营养素。

原料： 鳊鱼 1 条，盐、料酒、酱油、葱花、姜片、白糖、植物油各适量。

做法： ❶鳊鱼处理干净，切块，用盐、料酒、酱油腌制。❷油锅烧热，将鱼块炸至棕黄色起壳。❸锅内留底油，将葱花、姜片爆香，倒入鱼块，加水、酱油、白糖、料酒，大火煮沸后改小火收干卤汁即可。

（这样吃更健康）鳊鱼对孕妈妈胎动、妊娠水肿有很好的食疗效果，孕妈妈可常吃。

（食材可替换）鳊鱼肉与五花肉、韭菜做成馅，包成鳊鱼馅饺子，鲜香且没有鱼腥味。

松仁鸡肉卷

（橙子胡萝卜汁）

松仁和虾仁中的硒，有促进胎宝宝智力发育的作用。

原料： 鸡肉100克，虾仁50克，松仁20克，胡萝卜碎丁、蛋清、盐、料酒、干淀粉各适量。

做法： ❶将鸡肉洗净，切成薄片。❷虾仁洗净，切碎，剁成蓉，加入胡萝卜碎丁、盐、料酒、蛋清和干淀粉搅匀。❸在鸡片上放虾蓉和松仁，卷成卷儿，入蒸锅大火蒸熟。

这样吃更健康 松仁富含油脂，摄入要适量，不宜过多。

食材可替换 松仁也可与香菇同炒，营养同样丰富。

芸豆烧荸荠

（三鲜汤面）

芸豆烧荸荠含蛋白质、胡萝卜素、钙等，有利于胎宝宝的发育。

原料： 芸豆200克，荸荠100克，牛肉50克，高汤、料酒、葱姜汁、盐、植物油各适量。

做法： ❶荸荠削去外皮，切片；芸豆斜切成段；牛肉洗净，切成片，用料酒、葱姜汁和盐腌制。❷油锅烧热，下入牛肉片炒至变色，下入芸豆段炒匀，再放入余下的料酒、葱姜汁，加高汤烧至微熟。❸下入荸荠片，炒匀至熟，加适量盐调味。

这样吃更健康 荸荠性寒，胃寒、手脚冰冷的孕妈妈不宜多吃。

食材可替换 土豆、四季豆与牛肉一同炒食，荤素搭配，营养更均衡。

酸奶草莓布丁

酸奶草莓布丁口味滑爽，味道酸甜，既可以补充维生素，还可以预防孕期便秘。

原料： 牛奶250毫升，草莓丁、苹果丁、明胶粉、白糖、酸奶各适量。

做法： ❶牛奶加适量明胶粉、白糖煮化，晾凉后加入酸奶，倒入玻璃容器中搅拌均匀。❷加入水果丁后冷藏，食用时取出晾至常温即可食用。

这样吃更健康 孕妈妈不宜空腹喝酸奶。

食材可替换 将水果丁与银耳、冰糖一同熬煮，汤汁黏滑，味道香甜。

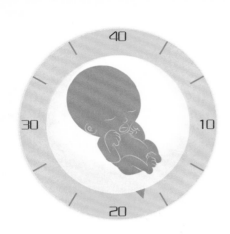

第 **18** 周

♥ 宝宝变化：胎动更明显

这一时期的胎宝宝大概有 14 厘米长，体重约 180 克，进入活跃期，翻滚、拳打脚踢、皱眉、挤眼睛无所不能，孕妈妈能明显感觉到胎动，这一切是胎宝宝在向孕妈妈暗示他发育良好呢。

▶ 饮食指导：补充维生素 B_{12}

维生素 B_{12} 是人体三大造血原料之一，能促进红细胞的发育和成熟，使胎宝宝的造血机能处于正常状态，可以预防恶性贫血。维生素 B_{12} 还能促进碳水化合物、脂肪和蛋白质代谢，具有活化氨基酸、促进核酸的生物合成的作用，对胎宝宝的生长发育非常重要。

▶ 营养重点：维生素 B_{12}、钙、维生素 D

维生素 B_{12}	推荐食物：牛奶、乳鸽、瘦肉、鱼类
	孕期维生素 B_{12} 每天的推荐量为 2.6 毫克，2 杯牛奶（500 毫升）就可以满足一天里对维生素 B_{12} 的需要。孕妈妈喝不了 2 杯牛奶，可以用牛奶搭配其他富含维生素 B_{12} 的食物，只要补充维生素 B_{12} 的量够了就行。
钙	推荐食物：牛奶、豆腐、虾、黄豆芽
	钙是胎宝宝骨骼和牙齿发育的必需物质，胎宝宝缺钙易发生骨骼病变、生长迟缓，以及先天性佝偻病等。正常情况下，孕中期的孕妈妈每日所需 1000 毫克，孕晚期每日 1200 毫克。
维生素 D	推荐食物：鱼肝油、鸡蛋、牛奶、虾、鱼
	维生素 D 可以促进食物中钙的吸收，因此补充钙的同时也应补充足够的维生素 D，才能使钙真正地吸收并且沉积到骨骼中去。孕妈妈每日摄取 10 微克维生素 D 就能很好地促进钙的吸收。

营养师有话说

维生素 B_{12} 存在于动物性食物中，肉和肉制品是其主要来源，如禽肉类的乳鸽，海产品中的带鱼；在牛奶、奶酪中的含量也很丰富。由于维生素 B_{12} 很难被直接吸收，所以孕妈妈在补充维生素 B_{12} 的时候，和叶酸、钙一起摄取，补充维生素 B_{12} 的效果会最佳。

♥ 妈妈变化：食欲大增

现在，大多数孕妈妈都会感觉到自己食欲大增，吃饭特别有胃口。虽然一日三餐可以增加饮食量，但孕妈妈应该切记科学安排饮食，全面摄取营养才是关键。

▶宜常吃鱼

鱼肉含有丰富的优质蛋白质，还含有两种不饱和脂肪酸，即二十二碳六烯酸（DHA）和二十碳五烯酸（EPA）。这两种不饱和脂肪酸对大脑的发育非常有好处，且在鱼油中含量要高于鱼肉，而鱼油又相对集中在鱼头和鱼肚子上。所以，孕期适量吃这些部位有益于胎宝宝大脑发育。

▶宜吃芹菜缓解失眠

有些孕妈妈孕前为了免受失眠的困扰，会选择服用安眠药，但是安眠药多具有镇静、抗焦虑和催眠的作用。切记孕期不能使用，否则对胎宝宝或新生儿都会产生不利影响。如果失眠严重，孕妈妈可以适当选用安神的中药，但一定要在医生的指导下服用，同时不能连续服用超过1周。

平时可以选择一些具有镇静、助眠作用的食物进行食疗，如芹菜可分离出一种碱性成分，对孕妈妈有镇静、安神和除烦的功效。

▶不宜多吃薏米

薏米的营养价值很高，对于久病体虚、病后恢复期患者、老人、儿童、孕妇来说都是比较好的药用食物。但是薏米性寒，孕妈妈过量食用的话，容易对胎宝宝的生长发育产生不良影响，严重的还会导致流产，所以孕妈妈适量吃薏米即可，不宜多吃。

孕妈妈有水肿、小便不利，可适当吃些薏米。

养胎
三餐推荐

孕妈妈在饮食上要少吃咸肉等高盐食物。随着胎宝宝的日益活跃，除了延续上周的营养计划外，孕妈妈这周可适当吃一些坚果类食品。既能缓解随时出现的饥饿，又能补充"脑黄金"，让胎宝宝更加健壮地发育。

早餐

牛奶红枣粥
（全麦面包）

牛奶中含钙高且易于吸收，可促进胎宝宝骨骼生长。

原料： 大米 30 克，牛奶 250 毫升，红枣 5 颗。

做法： ❶红枣洗净，去核。❷大米洗净放入锅内，熬至大米绵软。❸加入牛奶和红枣，煮至粥浓稠即可。

这样吃更健康 乳糖不耐受的孕妈妈应注意少喝牛奶。

午餐

百合炒牛肉
（豆角焖米饭、西红柿鸡蛋汤）

牛肉营养丰富，能为孕妈妈补充蛋白质和多种矿物质。

原料： 牛肉、百合各 150 克，甜椒片、盐、酱油、植物油各适量。

做法： ❶百合掰成小瓣，洗净；牛肉洗净，切成薄片放入碗中，用酱油抓匀，腌制 20 分钟。❷油锅烧热，倒入牛肉，大火快炒，马上加入甜椒片、百合翻炒至牛肉全部变色，加盐调味后就可以起锅了。

这样吃更健康 感冒风寒咳嗽的孕妈妈不宜吃百合。

食材可替换 将浸泡好的大米、黄豆、花生一同打成糊后过滤出米汁，拌入牛奶，可起到美白的功效。

食材可替换 猪肉馅用盐、姜、蒜调匀，用饺子皮把肉馅包起来，百合铺底蒸熟，肉嫩汁多，百吃不厌。

日间加餐

百合莲子桂花饮

此饮品含有维生素 B_1、维生素 B_2、钙等营养成分，对胎宝宝大脑和皮肤的发育大有裨益。

原料： 百合 3 朵，莲子 1 把，桂花蜜、冰糖各适量。

做法： ❶百合轻轻掰开后用清水洗净，尽量避免用力搓揉；莲子用水浸泡 10 分钟后捞出。❷锅中加适量水，将莲子煮 5 分钟。❸莲子回锅，再次煮开后，加入百合瓣儿，再加入冰糖、桂花蜜至溶化即可。

这样吃更健康 百合性偏凉，风寒痰咳、外感发热、消化不良的孕妈妈忌食。

食材可替换 银耳具有滋阴润肺、益气活血的功效，用它替换百合，孕妈妈一样可以补充很好的营养。

晚餐

香菇豆腐塔

（米饭、西红柿焖牛肉）

这道菜鲜香可口，富含植物蛋白、维生素和矿物质。

原料： 豆腐 300 克，鲜香菇 3 朵，榨菜、白糖、盐、香油、干淀粉各适量。

做法： ❶将豆腐切成四方小块，中心挖空；鲜香菇洗净，剁碎；榨菜剁碎。❷鲜香菇和榨菜用白糖、盐及淀粉拌匀即为馅料；将馅料塞入豆腐中，摆在碟上蒸熟，淋上香油即可。

这样吃更健康 孕妈妈适量吃就好，一次不宜吃太多。

食材可替换 将馅料换成玉米粒、胡萝卜丁、黄瓜丁，一道颜色鲜艳、营养丰富的五彩豆腐就做成了。

晚间加餐

牛奶水果饮

玉米中富含叶黄素，有利于胎宝宝眼睛的发育。

原料： 牛奶 250 毫升，玉米粒、葡萄、猕猴桃、水淀粉、蜂蜜各适量。

做法： ❶猕猴桃、葡萄均切成小块。❷把牛奶倒入锅中，然后开火，放入玉米粒，边搅动边放入水淀粉，调至黏稠度合适。❸出锅后将切好的水果丁放入，滴几滴蜂蜜。

这样吃更健康 血糖异常的孕妈妈要少吃。

食材可替换 将红豆煮熟烂，放在布丁上，再加少量牛奶，就成了美味的红豆牛奶布丁。

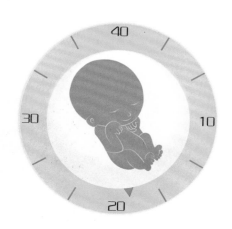

第19周

♥ 宝宝变化：动作更灵活

胎宝宝长约15厘米，皮肤分泌出一种具有防水作用的胎儿皮脂，以保护浸泡在羊水中的皮肤。胎宝宝的四肢已经与身体其他部分形成合理的比例，动作更加灵活、协调，还会用胎动来回应外界的声音。

▶ 饮食指导：全面营养

从这周开始，胎宝宝开始迅速生长发育，每天需要大量营养素。现在孕妈妈应尽量满足胎儿及母体营养素存储的需要，避免营养不良或缺乏的影响，也要避免过多脂肪和过分精细的饮食。

由于孕妈妈要负担两个人的营养需要，因此需要比平时更多的营养。同时，尽量避免过分刺激的食物，如辣椒、大蒜等。每天早晨最好喝一杯开水。此外，要避免过多脂肪和过分精细的饮食。

▶ 营养重点：维生素A、维生素D、蛋白质

维生素A	推荐食物：动物肝脏、鱼肝油、胡萝卜、西蓝花、油菜
	孕期维生素A每天的摄入量以800~900微克为宜。天然维生素A只存在于动物性食物里，在红色、橙色、深绿色的果蔬中有类胡萝卜素，在人体内通过一些特殊酶催化成维生素A。75克胡萝卜、65克鸡肝和125克西蓝花中的任何一种，就能满足孕妈妈每天的所需量。
维生素D	推荐食物：鱼肝油、鸡蛋、牛奶、奶酪、鱼
	维生素D能够促进食物中钙、磷的吸收和骨骼的钙化。孕妈妈如果缺乏维生素D，容易造成胎宝宝的骨骼钙化障碍以及牙齿发育出现缺陷。维生素D每天的摄入量为10微克，除了通过食物补充外，还应该多晒太阳，有助于人体自身合成维生素D。
蛋白质	推荐食物：鸡蛋、牛奶、豆制品、瘦肉、鸡肉
	要继续补充蛋白质，孕中期每天的需求量为80~85克，优质的蛋白质有助于胎盘生长，并且支持胎宝宝脑部发育，有助于胎宝宝内脏、肌肉、皮肤、血液的发育和合成。

♥ 妈妈变化：行动变缓慢了

这时候，孕妈妈的体重比孕前增加了 4~6 千克。随着肚子越来越大，孕妈妈开始觉得行动不方便了，渐趋频繁的胎动也可能会让孕妈妈夜晚无法入睡。

▶ 宜常吃圆白菜

圆白菜富含维生素 A、维生素 C、维生素 E、胡萝卜素、膳食纤维和矿物质，孕妈妈常吃能提高人体免疫力，促进消化，预防感冒和便秘。圆白菜还含有某种溃疡愈合因子，能加速创面愈合，对溃疡有着很好的食疗作用。

▶ 不宜吃爆米花

孕妈妈的血铅水平高，会直接影响胎宝宝正常发育，甚至造成先天性弱智或畸形，所以应避免食用含铅高的食品。传统方法制作的爆米花中一般含铅量较高，还有皮蛋，有些餐具中的内贴画也可能含铅，孕妈妈应该注意。

▶ 不宜多吃火腿

火腿本身是腌制食品，含有大量的亚硝酸盐类物质，亚硝酸盐如果摄入过量，就会积蓄在体内不能及时代谢，这会对人体健康造成危害。孕妈妈多吃火腿，火腿里的亚硝酸盐还会进入胎宝宝体内，给胎宝宝的健康发育带来潜在危害。

▶ 不宜多吃含盐食物

孕妈妈这个时期容易发生水肿，这时候，平时饮食口味偏咸的孕妈妈，应该注意饮食不宜偏咸。饮食偏咸不仅会加重肾脏负担，还容易加重孕期水肿。但是孕妈妈的饮食也不是越清淡越好，太清淡了也不利于关键营养素的摄取，只要掌握好度就可以了。

与火腿类似，熏肉也含有对人体有害的苯并芘，孕妈妈也不宜多吃。

第 19 周　**93**

第19周

安神
三餐推荐

由于身体越来越笨重，孕妈妈要休息好，还要学会放松，轻微的失眠可以通过饮食和改变生活习惯来调节。如失眠症状严重，应及时就医。要多吃水果、蔬菜和奶制品，如苹果、酸奶、牛奶等，都能提高孕妈妈的睡眠质量。

早餐

豌豆粥
（煮鸡蛋）

豌豆中含有一定量的蛋白质、胡萝卜素和矿物质，利于吸收。

原料： 豌豆50克，大米50克，鸡蛋1个，糖桂花适量。

做法： ❶豌豆、大米洗净，放入锅内，加适量水，再用大火煮沸。❷撇去浮沫后用小火熬煮至豌豆酥烂。❸淋入鸡蛋液稍煮，最后撒入糖桂花即可。

（这样吃更健康）血糖异常的孕妈妈要少吃。

食材可替换 也可将毛豆、鸡肉丁与大米一同熬粥，清新适口，适合干燥的秋季食用。

午餐

什锦烧豆腐
（米饭、肉末炒芹菜）

什锦烧豆腐富含钙，可使孕妈妈的身体更强壮，满足胎宝宝对钙质的需求。

原料： 虾米10克，豆腐200克，笋尖30克，鲜香菇6朵，鸡肉50克，料酒、酱油、盐、姜末、植物油各适量。

做法： ❶豆腐洗净，切块；香菇、笋尖、鸡肉分别洗净，切片。❷油锅烧热，将姜末、虾米和香菇煸炒出香味，放豆腐块和鸡片、笋片，加酱油、料酒炒匀，加清水略煮，放盐调味即可。

（这样吃更健康）肾功能不全者应减少食用量。

食材可替换 豆腐也可用黄豆芽代替，与上述食材一同炒食，同样利于孕妈妈的营养吸收。

拔丝香蕉

香蕉富含蛋白质、维生素 C 和膳食纤维，有促进肠道蠕动的作用，可帮助孕妈妈预防便秘。

原料： 香蕉 2 根，鸡蛋 1 个，面粉 100 克，白糖、植物油各适量。

做法： ❶香蕉去皮，切块；鸡蛋打匀，与面粉搅匀，调成糊。❷油锅烧至五成热时放入白糖，待白糖溶化，用小火慢慢熬至金黄关火。❸另起油锅烧热，香蕉块裹上面糊投入油中，炸至金黄色时捞出，倒入糖汁中拌匀即可。

（这样吃更健康）尽量少放白糖和油，否则口感很腻。

蒜蓉空心菜

（米饭、西红柿豆腐汤）

空心菜含维生素 A、蛋白质等，其膳食纤维含量极为丰富，能帮助孕妈妈轻松排毒，同时有助于防止便秘。

原料： 空心菜 250 克，蒜末、盐、香油各适量。

做法： ❶空心菜洗净，切段，氽烫熟，捞出沥干。❷蒜末、盐与少量温开水调匀后，再浇入香油，调成味汁。将味汁和空心菜拌匀即可。

（这样吃更健康）也可适量少量糖，令菜品的口感柔和，以吃不出甜味儿为准。

香蕉哈密瓜沙拉

哈密瓜中维生素、矿物质含量丰富，孕妈妈常吃还可缓解焦躁的情绪。

原料： 哈密瓜 200 克，香蕉 1 根，酸奶 1 杯。

做法： ❶香蕉去皮，取果肉待用。❷哈密瓜去皮，果肉切成小块待用。❸香蕉切成厚度合适的片状，与哈密瓜一块儿放在盘中。❹把酸奶倒入盘中，拌匀即可。

（这样吃更健康）孕妈妈一次不要吃太多哈密瓜，否则容易引起腹泻等。

食材可替换 山药、红薯、苹果都可以代替香蕉做拔丝，孕妈妈可以自由选择。

食材可替换 炒菠菜时也可加入蒜蓉，口感更好，也更有食欲。

食材可替换 哈密瓜还可以与橙子、苹果、草莓等水果一同做成缤纷水果沙拉。

第20周

♥ 宝宝变化：吞咽羊水

胎宝宝现在开始吞咽羊水了，肾脏已经能制造尿液。这是胎宝宝感觉器官发育的重要时期，味觉、嗅觉、听觉、视觉和触觉的神经细胞已经"入住"脑部的指定位置。

▶饮食指导：继续补钙，促进胎宝宝骨骼生长发育

现在是胎宝宝骨骼发育的关键时期，钙是胎宝宝骨骼和牙齿发育的必需物质。如果胎宝宝缺钙，很容易发生生长迟缓、骨骼软化病变、先天性佝偻病等；孕妈妈缺钙易患骨质疏松症，情绪容易激动，可能引起其他孕期疾病。

▶营养重点：钙、铁、膳食纤维

钙	推荐食物：牛奶、虾、豆制品、鸡蛋、鱼 随着胎宝宝的成长，孕妈妈对钙的摄取也不断增多，孕中期每日1000毫克为宜。现在，孕妈妈应多吃含钙的食物。需要补充钙剂的孕妈妈，应在睡觉前、两餐之间补充。注意要距离睡觉有一段的时间，最好是晚饭后休息半小时即可，因为血钙浓度在后半夜和早晨最低，最适合补钙。
铁	推荐食物：猪肝、瘦肉、木耳、红枣、苹果 怀孕时母体内血容量扩张，随着胎宝宝和胎盘的快速生长，铁的需求量增加。动物肝脏是补铁首选，鸡肝、猪肝可以适当吃一些。水果富含维生素C，可以促进铁的吸收。
膳食纤维	推荐食物：全谷类，如燕麦等，竹笋、芹菜等蔬菜，黄豆、红豆等豆类 一般情况下，每天摄入500克蔬菜、250克水果就可以满足身体对膳食纤维的大部分的需求。

营养师有话说

含钙高的食物包括奶制品、鱼、虾、蛋黄、海藻、芝麻等，对于有足量乳类食物的孕妈妈，一般不需要额外补充钙。对于不常吃动物性食物和乳制品的孕妈妈，应根据需要补充钙，同时，还要注意补充维生素D，以保证钙的充分吸收和利用。

♥ 妈妈变化：明显感到胎动

孕妈妈的肚子随着胎宝宝的成长而迅速增长，宫底每周大约升高1厘米。孕妈妈能够明显感觉胎宝宝在腹中做滚、蹬、踢的动作，有时，因为胎动强烈甚至会影响睡眠。

▶ 宜遵医嘱吃鱼肝油补充维生素D

鱼肝油中维生素D可以帮助孕妈妈吸收钙质，所以很多孕妈妈都会在孕期吃鱼肝油，但是不能补充过量，吃鱼肝油过量会导致维生素D和维生素A摄入过量。维生素D摄入过量会加快胎宝宝骨骼硬化速度，引起孕妈妈和胎宝宝的肾脏负担。维生素A摄入过量会导致孕妈妈出现食欲减退、皮肤发痒、心情烦躁等不适。所以，孕妈妈应该适当服用鱼肝油。

▶ 宜适当吃些野菜

大多数野菜富含植物蛋白、维生素、膳食纤维及多种矿物质，营养价值高，而且污染少。孕妈妈适当吃野菜，不仅可以换一换口味，预防便秘，还可以预防妊娠糖尿病。

常见的野菜有：蕨菜，可清热利尿、消肿止痛；香葱，可健胃祛痰；荠菜，可凉血止血、补脑明目、治水肿便血。孕妈妈应根据自身身体状况适量食用。

▶ 不宜过度节食

孕周越长，孕妈妈的体重也在不断增加，这是很正常的孕期现象，不同于一般的肥胖。整个孕期和分娩过程都需要一定的能量，这需要孕妈妈在日常饮食中一点一滴吸收和储备。一般情况下，孕期增加的体重在产后会逐渐恢复到孕前，所以孕妈妈不必节食，反而应以增进营养为主。

▶ 不宜过度饮食

传统观念认为，怀孕时多吃点，宝宝出生时胖一点，就是健康。其实这是错误的认识，营养过剩对孕妈妈和胎宝宝都不好。孕妈妈过胖可能引起孕期血糖过高、妊娠高血压等，胎宝宝过大可导致难产及新生儿肥胖。

营养过剩最方便、最常用的自我判断方法就是体重指标了。如体重增加过快、肥胖过度，应及时调整饮食结构，多吃蘑菇、油菜、茄子等蔬菜。必要时去医院咨询，接受专业的孕期营养指导。

第20周

补钙
三餐推荐

孕妈妈要重点补充钙和维生素 D，以促进胎宝宝骨骼的发育。奶和奶制品含钙比较丰富，吸收率也高，孕妈妈要重点补充。另外，虾和坚果也含有较多的钙，孕妈妈可适当增加食用量。同时，孕妈妈适量吃些草莓、猕猴桃、哈密瓜、苹果等水果，既补营养又能令孕妈妈心情愉快。

早 餐

小米红枣粥
（牛奶）

此粥富含 B 族维生素和铁等营养素，孕妈妈常吃可补血养颜。

原料： 小米 50 克，红枣 3 颗。
做法： ❶红枣洗净；起凉水锅，水完全沸腾后放入小米。❷放红枣和小米一起煮，撇去枣沫，去杂质，转小火煮至粥熟即可。

（这样吃更健康）红枣皮不易消化，炖煮后更利于消化吸收。

食材可替换 小米还可以与山药一同熬粥，熟后加点红糖，营养丰富，味道鲜美。

午 餐

五彩虾仁
（米饭、甜椒炒牛肉）

此菜富含硒、铁、钙等矿物质，可为胎宝宝发育提供充足的营养。

原料： 山药、虾仁各 100 克，荷兰豆、胡萝卜各 30 克，盐、料酒、干淀粉、香油、植物油各适量。
做法： ❶山药、胡萝卜去皮，用盐水浸泡后切长条。❷虾仁洗净，放盐、料酒腌 20 分钟。❸将上述材料用干淀粉拌匀后同炒至断生，放入荷兰豆炒熟，最后淋上香油。

（这样吃更健康）便秘的孕妈妈不宜食用山药。

食材可替换 虾仁也可以用牛肉代替，牛肉与各种蔬菜搭配，能使营养更均衡。

日间加餐

五彩玉米羹

五彩玉米羹美味营养，孕妈妈可以常吃。

原料： 嫩玉米粒50克，鸡蛋1个，豌豆、枸杞子、菠萝丁、冰糖、水淀粉各适量。

做法： ❶将嫩玉米粒洗净；鸡蛋打散；豌豆、枸杞子均洗净。❷将玉米粒放入锅中，加清水煮至熟烂，放入菠萝丁、豌豆、枸杞子、冰糖，煮5分钟，加水淀粉勾芡，使汁变浓。❸淋入蛋液，搅拌成蛋花，烧开后即可。

（这样吃更健康）血糖异常的孕妈妈不宜吃冰糖。

（食材可替换）五彩玉米羹里还可以加点燕麦同煮，又是一道美味的营养餐。

晚餐

蒜香黄豆芽
（红烧牛肉面）

此菜富含的胡萝卜素、维生素 B_2 以及膳食纤维，能促进孕妈妈的消化，有效补充胎宝宝发育所需营养素。

原料： 胡萝卜50克，黄豆芽100克，蒜瓣2个，香油、酱油、盐各适量。

做法： ❶胡萝卜洗净，切成细丝；黄豆芽洗净；黄豆芽焯熟备用，胡萝卜丝焯水晾凉。❷蒜制成蒜泥，倒入香油、酱油、盐，拌匀成调味汁，浇在胡萝卜丝和黄豆芽上拌匀。

（这样吃更健康）黄豆芽一定要焯熟后食用。

（食材可替换）黄豆芽也可与鸡肉丝一起炒食，鸡肉嫩滑，口感爽脆。

晚间加餐

水果酸奶全麦吐司

酸甜的口感，可以提高孕妈妈的食欲，并能使孕妈妈摄取丰富的维生素。

原料： 全麦吐司2片，酸奶1杯，蜂蜜、草莓、哈密瓜、猕猴桃各适量。

做法： ❶将全麦吐司放在烤面包机中略烤一下，切成方丁。❷所有水果洗净，去皮，切成小块。❸将酸奶盛入碗中，调入适量蜂蜜，再加入全麦吐司丁、水果丁搅拌均匀。

（这样吃更健康）如果孕妈妈有肚胀、腹泻、胃不舒服等情况，就不宜吃水果酸奶全麦吐司。

（食材可替换）用煮熟的西米代替全麦吐司，与酸奶、水果拌匀，味道酸甜，可口开胃。

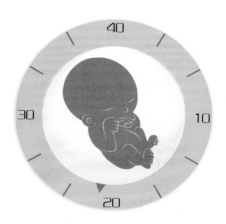

第21周

♥ 宝宝变化：味蕾形成

胎宝宝的身长可达18厘米左右，体重也达到290克左右。胎宝宝的感觉器官发育日新月异，味蕾已经形成，还能吮吸自己的拇指；消化系统也更为完善，肾脏系统也开始发挥作用。

▶ 饮食指导：补铁

铁主要负责氧的运输和储存，参与血红蛋白的形成，将充足的养分输送给胎宝宝。孕周越长，胎宝宝发育越完全，需要的铁就越多。适时补铁还可以改善孕妈妈的睡眠质量。在孕中期，孕妈妈的新陈代谢加快，母体铁需要量增加，用以供给胎宝宝血液和组织细胞日益增长的需要，并有相当数量贮存于胎宝宝肝脏内。孕妈妈自身也要储备铁，以备分娩时失血和产后哺乳的需要，所以孕期补铁尤为重要。贫血还会使胎宝宝的生长发育受到影响。因此，孕妈妈要适当多吃富含铁的食物。孕妈妈孕晚期每天需要摄入约20~30毫克的铁量。

▶ 营养重点：铁、维生素C、膳食纤维

铁	推荐食物：菠菜、猪肝、木耳、红枣、油菜、香菇
	在吃含铁食物的同时，也要多吃富含维生素C的水果及蔬菜，这样更有助于铁质的吸收和利用。
维生素C	推荐食物：猕猴桃、橙子、西红柿、芹菜、白菜、黄瓜、胡萝卜
	维生素C不仅能增强机体的抵抗力、促进伤口愈合、促进胶原组织的合成、维持牙齿和骨骼的发育，还能促进人体对铁的吸收。因此，孕妈妈在补铁的同时，还应该与维生素C一起同时补充。
膳食纤维	推荐食物：玉米、油菜、黄瓜、红薯
	孕妈妈需要摄入足够的膳食纤维，以增强自身的免疫力，保持消化系统的健康，为胎宝宝提供充足的营养来源。孕妈妈合理摄入膳食纤维还能降低血压，预防妊娠糖尿病，建议每日总摄入量在20~30克为宜。只要孕妈妈每天能保证至少食用3份蔬菜和2份水果，基本就能满足需要。

♥ 妈妈变化：上楼会气喘吁吁

孕妈妈现在胃口大增，饮食喜好也可能会发生变化，会喜欢吃以前不喜欢的食物。由于胎宝宝通过胎盘吸收的营养比孕早期大大增加，孕妈妈比之前更容易感觉到饥饿。

▶ 宜适量吃些鱿鱼

鱿鱼的蛋白质含量很高，而且还含有丰富的DHA和多种矿物质，可以促进胎宝宝的大脑发育，对母乳的分泌也有一定的促进作用。孕妈妈可以适量吃，但不宜多吃。

▶ 不宜吃久放的土豆

土豆本身含有生物碱，存放得越久的土豆生物碱含量就越高。再则，土豆存放久了就会生长出土豆芽，这表明土豆中存在的龙葵碱超标了，吃得过多可能影响胎宝宝的正常发育，导致畸形。即使将土豆的芽去掉、削去土豆皮，也并不能将毒素完全去除。所以，孕妈妈不宜吃久放的土豆。

▶ 不宜单吃红薯

红薯虽然营养丰富、香甜可口，但不宜单独作为主食，应该以面食、米饭等为主，辅以红薯，这样既调节了口味，又不至于对肠道产生副作用。如果只吃红薯，也要搭配着菜或菜汤，这样可以减少胃酸，减轻和消除胃肠的不适感。

▶ 孕6月孕妈妈指标一览表

体形	接近典型的孕妇体型。
子宫	子宫底的高度在耻骨联合上方18~20厘米处。
乳房	继续增大，变得更加丰满。
体重	体重继续增加，重心发生变化，行动也变得笨拙了。
皮肤	脸上和肚子上可能会出现妊娠斑和妊娠纹。
情绪	畅想着胎宝宝的样子，孕妈妈会感到欣喜和甜蜜。

第21周

补铁三餐推荐

胎宝宝的感觉器官不断发育完善，对铁、锌、维生素的需求继续增加，孕妈妈应多吃一些瘦肉、鸡蛋、动物肝脏、鱼及强化铁质的谷类食品，也要多吃一些富含维生素C的食物和富含膳食纤维的蔬菜，保证饮食的"质量"。

早餐

香菇红枣粥

（煮鸡蛋）

香菇红枣粥富含铁、碳水化合物和膳食纤维，可为胎宝宝的成长提供营养和能量。

原料：大米50克，鲜香菇2朵，红枣3颗，鸡肉50克，盐、料酒各适量。

做法：❶鲜香菇、鸡肉洗净，切丁；红枣、大米洗净。❷大米、红枣、鲜香菇、鸡肉放入砂锅中，加入盐、料酒、适量水，熬煮成粥。

（这样吃更健康）血糖异常的孕妈妈应少吃或不吃香菇红枣粥。

食材可替换 大米与牛肉、白萝卜一同煮粥，软糯黏稠，还有肉香及白萝卜的清香。

午餐

猪肝拌黄瓜

（豆角焖米饭）

这道凉拌菜富含维生素A、铁、锌等营养素，能为孕妈妈和胎宝宝提供全面的营养。

原料：猪肝50克，黄瓜100克，香菜末、盐、醋、香油各适量。

做法：❶猪肝洗净，煮熟，切成薄片；黄瓜洗净，切片。❷将黄瓜摆在盘内垫底，放上猪肝、醋、盐、香油，撒上香菜末，食用时拌匀即可。

（这样吃更健康）每次食用猪肝不宜超过50克，每周1~2次即可。

食材可替换 猪肝还可以与青椒、芹菜一同凉拌食用，能提供全面营养。

椰味红薯粥

（苹果汁）

红薯含有丰富的膳食纤维，可促进肠道蠕动。但要注意，食用红薯要适量，吃多了会有胃灼热、打嗝、排气等不适。

原料： 大米 200 克，花生 50 克，椰子 1/2 个，红薯 1 个，白糖适量。

做法： ❶大米洗净；红薯洗净、去皮、切块。❷先将花生泡透，然后放入清水煮熟；大米与红薯一同放入锅中，煮至熟透。❸椰子取肉，切成丝，再将椰子丝揉搓出椰奶汁来；把椰子丝、椰奶汁与熟花生一起倒入红薯粥里，放适量白糖搅拌均匀。

（这样吃更健康）胃不适的孕妈妈不宜吃太多红薯，以免引起胃胀。

> **食材可替换**　红薯蒸熟后压成泥，再做个漂亮的造型，一定能诱发孕妈妈的食欲。

孜然鱿鱼

（米饭、排骨玉米汤）

鱿鱼富含蛋白质和矿物质，能为胎宝宝提供充足的营养。

原料： 鱿鱼 1 条，醋、料酒、孜然、盐、植物油各适量。

做法： ❶鱿鱼洗净，切片后放入热水中焯一下，捞出，沥干。❷油锅烧热，放入鱿鱼翻炒，加盐、醋、料酒、孜然调味即可。

（这样吃更健康）高胆固醇血症的孕妈妈不宜多吃鱿鱼。

> **食材可替换**　还可将鱿鱼与蒜薹一同炒食，这样做出的鱿鱼肉很有韧性，味道咸香。

牛奶香蕉糊

牛奶、香蕉、芝麻能让孕妈妈精神放松，同时还可补充碳水化合物、膳食纤维。

原料： 牛奶 250 毫升，香蕉 1 根，玉米面 80 克，白糖、芝麻各适量。

做法： ❶将牛奶倒入锅中，开小火，加入玉米面和白糖，边煮边搅拌，煮至玉米面熟。❷将香蕉剥皮，用勺子压碎，放入牛奶糊中，再撒上芝麻。

（这样吃更健康）血糖异常者不宜常吃。

> **食材可替换**　将香蕉、梨、苹果入水熬煮，取水果汁煮玉米面，味道清甜。

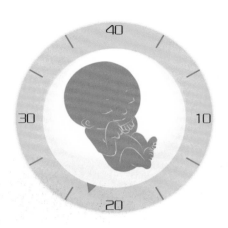

第22周

♥ 宝宝变化：体重迅速增加

胎宝宝的指甲完全形成并且越长越长，体重开始大幅度增加，胎宝宝的血管清晰可见，皮肤上有了汗腺，但皮下脂肪尚未产生，皮肤依然是皱巴巴、红红的，脸上布满了纤细柔软的胎毛。

▶ 饮食指导：补充热量，促进胎宝宝的营养吸收

孕中期的孕妈妈每天摄入的热量要比孕前增加 836 焦（约 200 千卡），如果孕妈妈摄入热量不足，蛋白质和脂肪氧化产生能量，造成蛋白质损失加重。脂肪大量氧化还会产生酮体等有害物质，不利于胎宝宝的健康。同时，摄取热量不足也不利于维生素、矿物质等营养素的吸收和利用。

▶ 营养重点：热量、脂肪、维生素 B_{12}

热量	推荐食物：牛肉、松子、核桃、花生
热量	孕妈妈膳食中热量摄入量直接影响胎儿的生长发育。对于身体瘦弱、体重少于正常值的孕妈妈，怀孕期间应增加食物的摄入量，以保持血糖处于正常水平，使身体有足够的体能和热量，孕育出健康的宝宝。
脂肪	推荐食物：松子、黑芝麻、花生、核桃、瘦肉
脂肪	脂肪是孕妈妈补充热量的重要选择，无论是动物性脂肪还是植物性脂肪，孕妈妈此时都可以摄取，两者搭配营养更丰富。
维生素 B_{12}	推荐食物：牛奶、牛肉、猪肝、虾、鸡蛋
维生素 B_{12}	维生素 B_{12} 是孕妈妈抗贫血所必需的营养素，而且还有助于预防胎宝宝神经损伤，促进正常的生长发育和防治神经中枢疾病。通常情况下，孕妈妈从动物性食物中摄取维生素 B_{12} 就可以满足孕期的需要。

营养师有话说

836 焦（约 200 千卡）大约相当于 60 克主食所产生的热量，但孕妈妈应该用更加平衡的膳食结构来提供这 836 焦（约 200 千卡）的热量，如：25 克大米 +1 个鸡蛋 +120 克绿色蔬菜，就是很好的搭配选择。这样不仅能提供孕妈妈所需的热量，还能补充其他各种营养素。

♥ 妈妈变化：行动更迟缓

孕妈妈的体重迅速增加，腹部越来越大，孕妈妈在行走和上楼时，行动变得迟缓笨重，很容易感到吃力，也可能会出现消化不良的情况。

▶ 宜适当吃富含油脂的食物

只吃素食的孕妈妈在孕期会对胎宝宝有一些影响，因为脂溶性维生素必须在有一定脂类的情况下才能溶解，被人体吸收。单纯吃素食会造成营养种类的缺失，影响胎宝宝的生长发育。如果孕妈妈是素食主义者，建议至少要吃一些富含油脂的植物，比如坚果、黄豆。但孕妈妈妊娠期间最好还是充分摄入各种类型的营养。

▶ 宜常吃香油

香油中含有丰富的不饱和脂肪酸和维生素 E，可以促进细胞分裂、延缓衰老、促进胆固醇的代谢，并且有助于消除动脉血管壁上的沉积物，同时还有助于防止便秘，孕妈妈可以常吃。

▶ 宜吃应季的食物

孕妈妈应该根据所处的季节，相应选取进补的食物，少吃反季节食物。比如春季可以适当吃些野菜，夏季可以多补充一些水果羹，秋季吃山药，冬季吃羊肉等。要根据季节和孕妈妈自身的情况，选取合适的食物，做到"吃得对，吃得好"。

▶ 不宜过多吃红枣

红枣可以每天都吃，但是不能一次吃得过多，否则会给消化系统造成负担，引起胃酸过多、腹胀等症。如果不注意口腔清洁，吃太多红枣还容易引起蛀牙。另外，湿热重、舌苔黄的孕妈妈不宜吃红枣；红枣含糖量高，有妊娠糖尿病的孕妈妈也要忌吃。

生食红枣一定要洗净，孕妈妈每天吃 3~5 个即可。

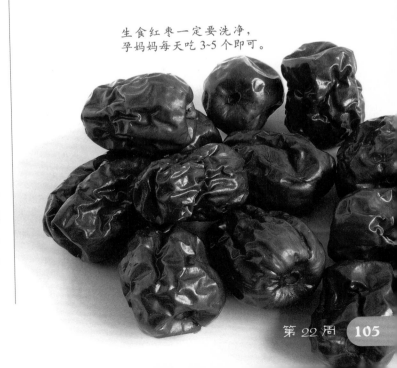

养胎
三餐推荐

第**22**周

胎宝宝的体重开始大幅增加，皮下脂肪需要生长，这时期要求丰富的脂肪摄入量做支撑。在这周，孕妈妈应注重热量的摄入，多吃一些富含油脂的食物，还要注意饮食的营养搭配，尽可能全面地摄取所需的营养素。

紫薯银耳松子粥
（煮鸡蛋）

此粥具有通肠的功效，能帮助孕妈妈预防便秘。

原料： 大米 30 克，松子 5 克，银耳 4 朵，紫薯 2 个，蜂蜜适量。

做法： ❶用温水泡发银耳，撕小朵；将紫薯去皮，切成小方丁。❷锅中加水，将淘洗好的大米放入其中，大火烧开后，放入紫薯丁，再烧开后改小火。❸往锅中放入泡发的银耳。❹待大米开花时，撒入松子。❺放凉至 60℃ 以下后，调入蜂蜜即可。

（这样吃更健康）血糖异常的孕妈妈不宜多吃。

（食材可替换）熬米粥时，也可以加一些腰果或开心果，坚果的芳香能增加孕妈妈的食欲。

土豆烧牛肉
（米饭、鸭块白菜）

土豆烧牛肉富含碳水化合物、维生素 E、铁等营养成分，不仅能补充能量，对贫血症状的孕妈妈也有一定益处。

原料： 牛肉 150 克，土豆 100 克，盐、葱段、姜片、植物油各适量。

做法： ❶土豆去皮，切块；牛肉洗净，切成滚刀块，放入沸水锅中焯透。❷油锅烧热，下牛肉块、葱段、姜片煸炒出香味，加适量水，汤沸时撇净浮沫，改小火炖约 1 小时，最后下土豆块炖熟，加盐即可。

（这样吃更健康）土豆烧牛肉不宜天天吃，尤其是血糖异常的孕妈妈应将土豆的能量计算入每天的总能量摄入。

（食材可替换）牛肉切丝，与芹菜一起炒食，香味更浓郁，可让孕妈妈保持一个好胃口。

芒果西米露

芒果西米露可作为孕妈妈的加餐，甜甜的口感，能愉悦孕妈妈的情绪，还可以为身体补充能量。

原料： 西米 50 克，芒果 3 个，白糖适量。

做法： ❶西米用水浸至变大，放入沸水中，煮至透明状取出，沥干，放入碗内。❷芒果取肉切粒，放入搅拌机中，放入适量白糖，搅拌成芒果甜浆。❸将芒果甜浆倒在西米上拌匀。

这样吃更健康 孕妈妈应尽量少放白糖，最好不多于 1 小勺。

菠萝虾仁烩饭

（油菜蘑菇汤）

开胃又营养，孕妈妈通过吃这道水果饭可获得充足的维生素和能量。

原料： 虾仁 50 克，豌豆 50 克，米饭 200 克，菠萝 1/2 个，蒜末、盐、香油、植物油各适量。

做法： ❶虾仁洗净；菠萝取果肉切小丁；豌豆洗净，入沸水焯烫。❷油锅烧热，爆香蒜末，加入虾仁炒至八成熟，加豌豆、米饭、菠萝丁快炒至饭粒散开，加盐、香油调味。

这样吃更健康 过敏体质的孕妈妈不宜吃菠萝。

牛奶香蕉芝麻糊

牛奶、香蕉、芝麻能让孕妈妈精神放松，胃口好，同时还可补充营养素和热量。

原料： 牛奶 250 毫升，香蕉 1 根，白糖、黑芝麻、白芝麻各适量。

做法： ❶将牛奶倒入锅中，开小火，加入白糖，边煮边搅拌，煮至玉米面熟。❷将香蕉剥皮，用勺子压碎，放入牛奶糊中，再撒上黑芝麻。

这样吃更健康 血糖异常的孕妈妈不宜多吃。

食材可替换 西米还可以用大米代替，与芒果同煮粥，能增强口感，孕妈妈越吃越爱吃。

食材可替换 芒果、火龙果、菠萝、鸡肉一同炒饭，味道酸甜，可作为孕妈妈的开胃佳肴。

食材可替换 将香蕉、梨、苹果入水熬煮，取水果汁煮玉米面，味道清甜。

第23周

♥ 宝宝变化：有了微弱的视觉

现在胎宝宝的身长大概有 20 厘米，体重会达到 450 克。肺部组织和血管正在发育，为出生后的呼吸做准备。视网膜也已形成，具备了微弱的视觉，会对外界光源做出反应。

▶ 饮食指导：粗粮细粮搭配食用

由于孕中期基础代谢加强，对糖的利用增加，应在孕前基础上增加能量。天主食摄入量应达到或高于 400 克，并且精细粮与粗杂粮搭配食用，热能增加的量可视孕妈妈体重的增长情况、劳动强度进行调整。

很多人知道孕妈妈吃粗粮有利于获得更全面的营养。红薯中的维生素、蛋白质、微量元素比大米和精面中的含量高。精米和精面中缺乏 B 族维生素，而粗粮中这种营养素含量丰富，粗细搭配可以让营养摄入更全面。

▶ 营养重点：碳水化合物、β- 胡萝卜素、蛋白质

碳水化合物	推荐食物：馒头、土豆、玉米、面条、藕、香菇
	碳水化合物主要是缓慢释放型的，能够保持身体血糖平衡，为身体提供长久能量支持。缓慢释放型碳水化合物包括全谷类、薯类、新鲜水果以及新鲜蔬菜。
β- 胡萝卜素	推荐食物：胡萝卜、西红柿、西蓝花、土豆、芒果
	β- 胡萝卜素能够保护孕妈妈和胎宝宝的皮肤细胞和组织健全，特别能保护胎宝宝的视力和骨骼的正常发育。此外，由于其在人体内可以转化成维生素 A，故有"维生素 A 原"之称。孕妈妈在补充维生素 A 的时候别忘了和 β- 胡萝卜素一起补。
蛋白质	推荐食物：牛奶、鸡蛋、豆制品、牛肉、贝类、木耳
	胎宝宝的生长发育和孕妈妈的日常活动，都要从食物中获取大量的蛋白质。尤其是对胎宝宝来说，优质的蛋白质是胎盘、胎宝宝的脑部、内脏、肌肉、皮肤发育的必不可少的关键营养素。

♥ 妈妈变化：胃部会有灼热感

孕妈妈的胃口和体重都在增加，子宫升到肚脐上方约4厘米处，并开始压迫膀胱，孕妈妈尿频的情况可能更严重。由于腹部渐渐隆起，有的孕妈妈胃部会有灼热感，少食多餐可能会舒服点。

▶ 宜常吃西红柿

妊娠斑是一种黄褐色的蝴蝶斑，一般多分布于鼻梁和两颊，这是由脑垂体分泌的促黑激素造成的。西红柿就是一种能够淡化妊娠斑的理想食物，西红柿富含番茄红素、维生素C和β−胡萝卜素，常吃不仅可以补充营养素，还能祛斑养颜。

▶ 宜喝低脂酸奶

益生菌是有益于孕妈妈身体健康的一种肠道细菌，而低脂酸奶的特点就是含有丰富的益生菌。在酸奶的制作过程中，发酵能使奶质中的糖、蛋白质、脂肪被分解成小分子。孕妈妈饮用之后，各种营养素的利用率非常高。

▶ 不宜加热酸奶

酸奶不宜加热，高温会杀死酸奶中的活性乳酸菌，降低酸奶的营养价值。有妊娠糖尿病的孕妈妈应该避免饮用添加蜂蜜、葡萄糖和蔗糖的酸奶，最好喝淡酸奶，或胡萝卜酸奶和小麦胚芽酸奶。饮用过量酸奶会使胃酸浓度过高，因此孕妈妈每天最好不要超过2杯。

▶ 不宜用开水冲调营养品

研究证明，滋补饮料加温至60~80℃时，其中大部分营养成分会发生分解变化。如果用刚刚烧开的水冲调，会因温度较高而大大降低其营养价值。不宜用开水冲调的营养品有：孕妇奶粉、多种维生素、葡萄糖等滋补营养品。

长有赘生物的西红柿不能吃，尤其注意不能空腹吃西红柿。

营养
三餐推荐

胎宝宝的视觉在发育，孕妈妈应注意对β-胡萝卜素的摄入。此外孕妈妈要注意饮食搭配均衡，粗粮、细粮搭配食用，午餐和晚餐可多选用豆类或豆制品，同时，多选用牛肉、香菇、西红柿等，但注意不要过量摄入高蛋白食物，以免引起身体不适。

早餐

炒馒头
（牛奶）

木耳和鸡蛋含丰富的铁和蛋白质，西红柿富含胡萝卜素和维生素C，这道营养美味的早餐可以为胎宝宝的发育提供丰富的营养。

原料： 馒头1个，木耳2朵，西红柿1个，鸡蛋1个，盐、葱末、植物油各适量。

做法： ❶馒头切小块；木耳泡发、洗净、切块；西红柿洗净，切块；鸡蛋打散。❷油锅烧热，放入木耳翻炒，倒入鸡蛋液，再加西红柿和适量水，最后加盐和馒头块翻炒均匀，撒上葱末。

这样吃更健康 这道菜尽量少放油，早餐不宜太油腻。

食材可替换 馒头也可以和圆白菜、鸡蛋同炒，菜香浸入馒头中，吃起来更美味。

午餐

牛腩炖藕
（米饭、芝麻圆白菜）

藕含有较为丰富的碳水化合物，又富含维生素C和胡萝卜素，对于补充维生素十分有益。

原料： 牛腩150克，藕100克，红豆、姜片、盐各适量。

做法： ❶牛腩洗净，切大块，焯烫，过冷水，洗净沥干；藕去皮洗净，切成大块。❷将牛腩、藕、姜片、红豆放入锅中，加适量水，大火煮沸，转小火慢煲3小时，出锅前加盐调味。

这样吃更健康 藕节的滋补效果更好，可以不用去掉。

食材可替换 胡萝卜与牛腩同炖汤，汤色清淡，牛腩软烂，吃肉喝汤，开胃又顺气。

日间加餐

土豆饼

西蓝花中胡萝卜素含量丰富，土豆富含碳水化合物，二者搭配，可很好地为孕妈妈补充体力。

原料：土豆、西蓝花各 50 克，面粉 100 克，盐适量。

做法：❶土豆洗净，去皮，切丝；西蓝花洗净，焯烫，切碎；土豆丝、西蓝花、面粉、盐、适量水放在一起搅匀。❷将搅拌好的土豆饼糊倒入煎锅中，用油煎成饼。

这样吃更健康 腹胀、腹痛的孕妈妈不宜吃土豆饼。

晚 餐

西红柿炖豆腐

（米饭、清蒸鲈鱼）

西红柿含有维生素 C、有机酸，可以助消化。豆腐富含蛋白质，与西红柿一起炖，很合孕妈妈的胃口。

原料：西红柿 1 个，豆腐 200 克，盐、植物油适量。

做法：❶将西红柿洗净切片，放入锅中炒出汤汁。❷豆腐切块，放入西红柿中，加水、盐，大火煮开，改小火慢炖 20 分钟即可。

这样吃更健康 西红柿炖豆腐，孕妈妈不宜吃太多。

晚间加餐

猕猴桃香蕉汁

孕妈妈常吃猕猴桃有助于促进消化、防止便秘，快速清除并预防体内有害代谢物的堆积。

原料：猕猴桃 2 个，香蕉 1 根，蜂蜜适量。

做法：❶将猕猴桃和香蕉去皮，切成块。❷把猕猴桃和香蕉果肉放入榨汁机中，加入凉开水搅打，倒出。❸加入适量蜂蜜调匀即可。

这样吃更健康 猕猴桃性寒凉，脾胃功能较弱的孕妈妈不宜多食。

食材可替换 土豆、胡萝卜与面粉摊成饼，味道也不错，最好趁热吃，胡萝卜甜甜的味道可增进食欲。

食材可替换 也可用白菜与豆腐同炖，入口软烂，营养丰富。白菜可促进体内毒素排出。

食材可替换 孕妈妈还可以用苹果、梨、西红柿等蔬果汁作为加餐，口感清甜，营养也很丰富。

第24周

♥ 宝宝变化：很快就要长脂肪了

胎宝宝的身长可达 26 厘米左右，体重接近 500 克。孕妈妈的说话声、心跳声、肠胃蠕动声他都能听到，对于较大的噪声还会表现出明显的不安。虽然胎宝宝现在还有些瘦，不过很快就要长脂肪了。

▶饮食指导：重点补充铁和维生素C

随着孕周的增加，胎宝宝的生长速度也在加快，对各种营养的需要量显著增加。孕妈妈现在的胃口也比较好，所以各类营养要有所增加，重点是铁元素和维生素C的摄入量要增加。主食以米面和杂粮搭配食用，副食要全面多样、荤素搭配。孕妈妈要多吃瘦肉、动物肝脏、鱼虾、乳制品、豆制品和新鲜的蔬菜和水果。

▶营养重点：铁、维生素C

	推荐食物：菠菜、鸭血、猪肝、猪血、猪肉
铁	孕中期，孕妈妈的新陈代谢加快，母体铁需要量增加，用以供给胎宝宝血液和组织细胞日益增长的需要，并有相当数量贮存于胎宝宝肝脏内。孕妈妈自身也要储备铁，以备分娩时失血和产后哺乳的需要，所以孕期补铁尤为重要。贫血还会使胎宝宝的生长发育受到影响。因此，孕妈妈要适当多吃富含铁的食物。含铁丰富的食品首推动物性食物，特别是红肉、动物肝脏及动物血。另外，植物性食物，如木耳、海带、芝麻、麻酱等含铁也较多。
	推荐食物：猕猴桃、草莓、西红柿、西蓝花、红枣
维生素C	对于胎宝宝来说，维生素C可以预防发育不良，还可使皮肤变细腻。孕期推荐量为每日 130 毫克，基本上 2 个猕猴桃或 1 个柚子就能满足需求。日常饮食中常见的新鲜水果和蔬菜中都富含维生素C。

营养师有话说

本月，孕妈妈摄入足够的膳食纤维，能增强自身的免疫力，保持消化系统的健康。孕妈妈每天摄入膳食纤维还能延缓糖的吸收，降低血糖，预防妊娠糖尿病。建议孕妈妈每天膳食纤维的摄入量以 20~30 克为宜。孕妈妈可以多吃一些全麦面包、麦麸饼干、红薯等。此外，根菜类和海藻类的膳食纤维含量也较多。

♥ 妈妈变化：腹部越来越沉重

由于腹部越来越重，为了保持身体平衡，孕妈妈需要借助腰部肌肉持续向后用力，腰腿痛因而更加明显。孕妈妈还可能会感到眼睛发干、畏光等不适，也容易感到疲惫，这些都是正常现象。

▶ 宜多吃一些全麦食物

全麦制品可以让孕妈妈保持充沛的精力，还能提供丰富的铁和锌。因此，专家建议孕妈妈多吃一些全麦饼干、麦片粥、全麦面包等全麦食品。喜欢吃麦片粥的孕妈妈，还可以根据自己的喜好，在粥里面加入一些葡萄干、花生碎或是蜂蜜来增加口感。

▶ 宜常吃鸭肉

鸭肉性平而不热，脂肪高而不腻，富含蛋白质、脂肪、铁、钾等多种营养素，有清凉止血、祛病健身的功效。鸭肉的脂肪不同于黄油或猪油，其化学成分近似橄榄油，有降低胆固醇的作用，对防治妊娠期高血压非常有帮助。

▶ 不宜多吃腌菜、酱菜

与咸肉、咸鱼、咸蛋一样，腌菜、酱菜中的高盐分可能让孕妈妈发生水肿，而腌制品中的亚硝酸盐和防腐剂，也不利于胎宝宝的健康成长。

▶ 不宜过量吃水果

很多孕妈妈信奉"多吃水果，孩子将来皮肤好"的原则，在孕期大量进食水果，有的甚至把水果当饭吃。其实，孕妈妈吃一些水果是有好处的，但吃太多的水果并没有益处。因为水果除了提供维生素、膳食纤维外，其他营养成分并不多，反而含糖量不少，孕期过量摄取糖分将使孕妈妈易患妊娠期糖尿病，也容易出现体重超标、胎儿过大等情况。所以孕妈妈一定要跳出超量吃水果的误区，每天饭后吃一个水果，保证营养摄入量就够了。

全麦饼干能保证孕妈妈血糖平稳、精力充沛，最适合加餐食用。

第24周

调理
三餐推荐

此时，受胎盘激素的影响，肠道肌肉放松，肠蠕动减慢，肠内容物滞留，便秘甚至痔疮可能会出现。孕妈妈要适时摄入富含膳食纤维的食物，如谷物、水果、蔬菜等以避免便秘。还要喝足够量的液体，如水、牛奶、果汁。

荠菜黄鱼卷
（牛奶）

这道菜富含蛋白质和膳食纤维，是孕妈妈的滋补佳肴。

原料： 荠菜 25 克，油皮 50 克，蛋清 2 个，黄鱼肉 100 克，干淀粉、料酒、盐、植物油各适量。

做法： ❶荠菜择洗干净，切末；用鸡蛋清与干淀粉调成稀糊备用。❷黄鱼肉切细丝，同荠菜、剩下蛋清、料酒、盐混合成肉馅。❸将馅料包于油皮中，卷成长卷，抹上稀糊，切小段，放入油锅中煎熟即成。

这样吃更健康 黄鱼富含微量元素硒，孕妈妈可以常吃，但不宜与荠麦同吃。

食材可替换 荠菜还可以换成菠菜，同样能提高黄鱼卷的营养价值。

黄瓜腰果虾仁
（米饭、鲫鱼冬瓜汤）

此菜蛋白质含量很丰富，非常适合孕妈妈食用。

原料： 黄瓜 150 克，虾仁 80 克，胡萝卜 50 克，腰果 6 颗，葱、盐、植物油各适量。

做法： ❶黄瓜、胡萝卜洗净，切片。❷油锅烧热，炸熟腰果，装盘；虾仁用开水焯烫，捞出沥水。❸锅内放入底油，放葱煸出香味，倒入黄瓜、腰果、虾仁、胡萝卜同炒，加入盐。

这样吃更健康 腰果富含油脂，孕妈妈一次不可吃太多。

食材可替换 玉米粒、洋葱与腰果、虾仁同炒，甜、香、脆、嫩完美结合，孕妈妈更爱吃。

蛋奶炖布丁

（苹果）

蛋奶炖布丁营养又美味。

原料： 牛奶 250 毫升，鸡蛋 1 个，白糖、植物油各适量。

做法： ❶牛奶分两份，一份与白糖混合，小火加热。❷布丁模可用瓷茶杯代替，内涂一层薄油备用。❸白糖加水，小火熬至金黄色，趁热倒入模内，垫住底层。❹鸡蛋搅匀，先加冷牛奶，再倒热牛奶，后用纱布过滤即成蛋奶。❺将蛋奶倒入模内，入笼微火炖约 20 分钟，至蛋奶中心熟透即可。

这样吃更健康 孕妈妈要控制白糖的摄入，最好不超过 1 小勺。

食材可替换 食材还可以根据孕妈妈的口味，加入不同的水果，如草莓、苹果等。

胡萝卜炖牛肉

（虾仁蛋炒饭）

胡萝卜含有丰富的 $\beta-$ 胡萝卜素，有利于胎宝宝骨骼和皮肤的生长。

原料： 牛肉 100 克，胡萝卜 150 克，酱油、盐、干淀粉、姜末、料酒、植物油各适量。

做法： ❶牛肉洗净，切块，用姜末、干淀粉、酱油、料酒调味，腌制 10 分钟；胡萝卜洗净，去皮切块。❷油锅烧热，放入腌好的牛肉翻炒，加适量水，大火烧沸，转中火炖至六成熟，加入胡萝卜，炖煮至熟，加盐调味。

这样吃更健康 胡萝卜不宜长期大量食用，否则会导致皮肤色素发生变化。

食材可替换 牛肉也可切丝，与豆角一同炒食，甘香开胃，搭配米饭，吃起来更香。

芹菜燕麦粥

芹菜燕麦粥提供丰富的铁和锌，可以让孕妈妈保持充沛的精力。

原料： 虾皮 20 克，芹菜 50 克，燕麦仁 50 克，盐适量。

做法： ❶虾皮、芹菜洗净，芹菜切丁；燕麦仁洗净，浸泡。❷锅置火上，放入燕麦仁和适量水，大火烧沸后改小火，放入虾皮。❸待粥煮熟时，放入芹菜丁，略煮片刻后加盐。

这样吃更健康 孕妈妈一次不宜吃太多燕麦仁。

食材可替换 红豆、紫米、燕麦、大米、红枣一同熬粥，色彩艳丽，米粒软烂，营养好吸收。

第 25 周

♥ 宝宝变化：大脑发育的高峰期

现在胎宝宝的体重稳定增长，皮肤变得舒展了许多，也变得饱满了，全身覆盖着一层细细的绒毛。胎宝宝的大脑神经发育又一次进入高峰期，大脑细胞迅速增殖分化，体积增大。

▶ 饮食指导：充分摄取蛋白质

孕中晚期，孕妈妈容易发生妊娠高血压综合征，尤其是营养不良的孕妈妈属于高危人群。因此加强孕中晚期营养，尤其是钙、维生素、叶酸、铁剂的补充，对妊娠高血压综合征有一定预防和治疗作用。

有妊娠高血压综合征的孕妈妈对饮食要格外注意，应充分摄取蛋白质，适当吃一些鱼、瘦肉、牛奶、鸡蛋、豆类等，不宜多吃动物性脂肪。减少盐的摄入量，日常饮食以清淡为宜，忌吃咸菜、咸蛋等盐分高的食品。水肿明显的孕妈妈要控制每日盐的摄取量，限制在 2~4 克之间。忌用辛辣调料，多吃新鲜蔬菜和水果。

▶ 营养重点：蛋白质、卵磷脂、水

蛋白质	推荐食物：黄豆、鸡肉、鲫鱼、瘦肉、鸡蛋、牛奶
	孕 7 月，孕妈妈对蛋白质的需求量跟之前一样，80~85 克即可满足每天的需求量。因营养不良引起水肿的孕妈妈，更要注意优质蛋白的摄取。
卵磷脂	推荐食物：鸡蛋、黄豆、坚果，猪、牛、鸡、鸭等的内脏
	孕 7 月，孕妈妈可以适当补充卵磷脂，这有助于保障胎宝宝大脑细胞膜的健康和正常运行，保护脑细胞健康发育，是对胎宝宝非常重要的益智营养素。
水	推荐食物：白开水
	缺水或饮水过量都不好。孕妈妈要根据自己的劳动强度、体温及环境气温适当补水，而不要等口渴了才想起来喝水。另外，患肾功能不全等疾病的孕妈妈，应在医生指导下饮水。孕妈妈不宜把饮料当水喝。有妊娠水肿的孕妈妈，也不能因为水肿就限制水分的摄入。值得注意的是，大部分饮料都含有大量的糖分、防腐剂、色素、香精等，对孕妈妈及胎宝宝不利。

♥ 妈妈变化：妊娠斑纹更加明显

孕妈妈肚子上的妊娠纹和脸上的妊娠斑也更加明显。虽然妊娠斑纹会在生产之后消失，但孕妈妈在孕期多吃富含维生素 C 的水果蔬菜，更有助于祛除斑纹。

▶宜适量吃葵花子

葵花子富含亚油酸，可以促进胎宝宝大脑发育，同时含有大量的维生素 E，可以促进胎宝宝血管生长和发育。所以，孕妈妈可以适当吃些葵花子。可以在闲的时候嗑一小把葵花子，每天一次即可。

▶不宜喝市售的果汁饮料

市售的果汁饮料，孕妈妈最好不要喝，因为这些饮料中大部分的成分是糖，并添加了各种色素、香精、防腐剂等，会导致孕妈妈血糖升高，食欲下降。如果喜欢喝果汁，完全可以在家现榨现喝。

▶不宜多吃甘蔗

甘蔗中含有大量的蔗糖，孕妈妈吃多了之后，蔗糖会进入胃肠道消化分解，会使孕妈妈体内的血糖浓度增高。同时，过多蔗糖的摄入，会导致孕妈妈发胖，还会影响孕妈妈对其他营养素的摄入，影响营养均衡。

▶孕 7 月孕妈妈指标一览表

体形	肚子越来越大，带来了腰背酸痛、小腿抽筋等问题。
子宫	子宫肌肉对外界的刺激开始敏感，可能出现微弱的宫缩。
乳房	外形饱满，挤压时会有稀薄的乳汁流出。
体重	体重继续增加，站立时间稍长会感觉很累。
皮肤	妊娠斑和妊娠纹更明显了。
情绪	睡眠变差，孕妈妈的情绪会有一些波动。

第25周

营养
三餐推荐

本月，孕妈妈会面临妊娠高血压综合征的危险，在饮食方面需要格外小心。日常饮食以清淡为佳，不宜多吃动物性脂肪，减少盐分的摄入量，忌吃咸菜、咸蛋等盐分高的食品。同时，要保证充足、均衡的营养，必须充分摄取蛋白质，多吃鱼、瘦肉、牛奶、鸡蛋、豆类等食物。忌用辛辣调料，多吃新鲜蔬菜和水果，适当补充钙元素。

早餐

大米绿豆南瓜粥
（素包子）

南瓜中除含铁外，还含有蛋白质、卵磷脂、维生素 A，营养全面。

原料： 大米 50 克，绿豆 20 克，南瓜 100 克，葱花适量。

做法： ❶南瓜洗净，切块；将大米、绿豆淘洗干净。❷将大米、绿豆放入锅中，加适量水，小火煮至七成熟，放入南瓜，待南瓜熟透后撒上葱花即可食用。

这样吃更健康 大米绿豆南瓜粥不加糖或低糖食用都可；绿豆性凉，孕妈妈宜在夏季食用。

食材可替换 绿豆还可以用黄豆代替，能使孕妈妈的皮肤更细嫩。

午餐

豆角焖米饭
（香豉牛肉片、西红柿鸡蛋汤）

豆角含有丰富的蛋白质、维生素 B 和维生素 C 等营养素，对胎宝宝此阶段的发育非常有帮助。

原料： 大米 100 克，豆角 100 克，盐、植物油适量。

做法： ❶豆角择洗干净，切丁；大米洗净。❷油锅烧热，下豆角略炒一下。❸将豆角粒、大米放在电饭锅里，加入比焖米饭时稍多一点的水焖熟，再根据自己的口味适当加盐即可。

这样吃更健康 豆角一定要做熟再吃，否则容易引起食物中毒。

食材可替换 大米与黄豆、豌豆一同焖米饭，吃起来更有嚼头，米饭更香。

核桃仁枸杞紫米粥

核桃富含蛋白质、维生素 E 等营养，孕妈妈常吃还有助于健康。

原料： 紫米、核桃仁各 50 克，枸杞子 10 克。

做法： ❶紫米洗净，浸泡 30 分钟；核桃仁拍碎；枸杞子拣去杂质，洗净。❷将紫米放入锅中，加适量清水，大火煮沸，转小火继续煮 30 分钟。❸放入核桃仁碎与枸杞子，继续煮至食材熟烂即可。

这样吃更健康 核桃每日 2~3 个即可，不可多吃。

青菜冬瓜鲫鱼汤

（米饭、双鲜拌金针菇）

此汤富含卵磷脂，能为胎宝宝的大脑发育提供必需营养素。

原料： 鲫鱼 1 条，青菜 50 克，冬瓜 100 克，盐、植物油各适量。

做法： ❶鲫鱼处理干净；冬瓜洗净，去皮瓤，切片。❷油锅烧热，下鲫鱼煎炸至微黄，放入冬瓜，加适量清水煮沸。❸青菜洗净切段，放入鲫鱼汤中，煮熟后加盐调味即可。

这样吃更健康 过敏体质的孕妈妈不宜吃鲫鱼。

西红柿面疙瘩

鸡蛋中卵磷脂的含量十分丰富，能有效促进胎宝宝身体比例更加协调。

原料： 西红柿 1 个，鸡蛋 1 个，面粉 80 克，盐、植物油适量。

做法： ❶面粉边加水边用筷子搅拌成颗粒状；鸡蛋打散；西红柿洗净，切小块。❷油锅烧热，放西红柿煸出汤汁，加水烧沸。❸将面粉慢慢倒入西红柿汤中，煮 3 分钟后，淋入蛋液，放盐调味。

这样吃更健康 高胆固醇血症的孕妈妈，每日食用不宜超过 1 个鸡蛋。

食材可替换 紫米还可以与葡萄干、花生、红枣熬成香甜的紫米粥。

食材可替换 鲫鱼与金针菇熬汤，出锅前加点香葱，鲜香可口，鱼肉细腻。

食材可替换 用西红柿、鸡蛋、菠菜做汤，盛在煮熟的面条里拌匀食用，吃面、菜，喝汤，开胃又营养。

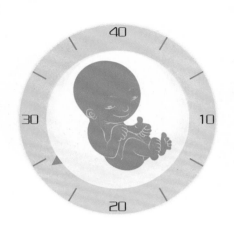

第 26 周

♥ 宝宝变化：第1次睁开眼

胎宝宝已经会吸气和呼气，眼睛已经形成，听觉也很敏锐，能随着音乐而移动，还能对触摸有反应。如果趴在孕妈妈的腹部仔细听，还能听到胎宝宝的心跳声。小家伙第1次睁开了双眼，可惜子宫里什么都看不见。

▶饮食指导：补充 B 族维生素

B 族维生素能促进蛋白质、碳水化合物、脂肪酸代谢合成，维持和改善上皮组织、消化道黏膜组织的健康，还能帮助身体组织利用氧气，促进皮肤、指甲、毛发组织的发育，并能保护肝脏。B 族维生素摄入充足，则细胞能量充沛，促进胎宝宝神经系统、大脑、骨骼及各器官的生长发育。

▶营养重点：B 族维生素、脂肪、钙

B 族维生素	推荐食物：鸡蛋、鸡肉、动物肝脏、紫米、小米
	维生素 B_1 来源：小麦、燕麦、黄豆、小米、羊肉、牛奶等。
	维生素 B_2 来源：奶类、动物肝脏、鸡蛋、鱼、茄子等。
	维生素 B_6 来源：动物肝脏、糙米、核桃、花生、鸡蛋等。
	维生素 B_{12} 来源：牛奶、鸡蛋、动物肝脏、牛肉、鸡肉等。
脂肪	推荐食物：花生、松子、芝麻、植物油
	脂肪有益于本月胎宝宝中枢神经系统的发育和维持细胞膜的完整。膳食中如果缺乏脂肪，可导致胎宝宝体重不增加，并影响大脑和神经系统发育。孕妈妈每天需要摄入约 60 克的脂肪（包括烧菜用的植物油 25 克和其他食品中含有的脂肪）。
钙	推荐食物：牛奶、酸奶、虾、鱼、海带
	本月要继续增加对钙质的摄入量，每天 1000 毫克左右。钙质摄入不足有可能引起抽筋。饮食多样化，多吃海带、芝麻、豆类等含钙丰富的食物，每天喝一杯牛奶，均可有效地预防抽筋。

营养师有话说

当某种 B 族维生素被单独摄入时，由于细胞的活动增加，对其他维生素的需求跟着增加。因此只有均衡摄入 B 族维生素，各种营养素才能最大化地利用。鸡蛋、牛奶、深绿色蔬菜、谷类等食物中都含有 B 族维生素，孕妈妈可以常吃。

♥ 妈妈变化：睡眠变差

到了本周，孕妈妈的体重至少增加了 7~10 千克。因为子宫对腹腔内各器官的压迫，孕妈妈的睡眠质量变差了许多，希望拥有完整的睡眠变成了"奢望"。

▶宜适量吃冬瓜

孕妈妈出现下肢水肿，如果充分休息后水肿仍然不消退，可以用食疗的方法，冬瓜就是好选择。冬瓜鱼汤、冬瓜烧海米等都有止渴利尿的功效，可以减轻孕妈妈下肢水肿症状。

▶宜适当服用酵母片

酵母片中含有丰富的 B 族维生素、烟酸、叶酸等营养素。在孕晚期，适当服用酵母片，不仅可以提高孕妈妈的食欲，促进消化液的分泌，加强神经系统功能，而且有利于胎宝宝的生长发育。所以，孕妈妈可以适当吃一些酵母片。

▶不宜过多吃荔枝

从中医角度来说，怀孕之后，孕妈妈体质偏热，阴血往往不足。荔枝同桂圆一样也是热性水果，过量食用容易产生便秘、口舌生疮等上火症状，而且荔枝含糖量高，易引起血糖过高，使孕妈妈患上孕期糖尿病。所以，孕妈妈不要吃太多荔枝。

▶不宜过量喝孕妇奶粉

喝孕妇奶粉时首先要控制量，不能既喝孕妇奶粉，又喝其他牛奶、酸奶，或者吃大量奶酪等奶制品，这样会增加肾脏负担，影响肾功能。其次，挑选孕妇奶粉的时候要看厂家、口味、生产日期，最好选择大厂家的品牌。孕妇奶粉开盖后的保质期只有 3 周，注意不要放过期了。

孕妈妈如果喝了孕妇奶粉，就不要再喝牛奶了，以防营养过剩。

补益
三餐推荐

第**26**周

由于胎宝宝大脑再次快速发育，所以对 B 族维生素和脂肪的需要进一步增加。孕妈妈可适当增加富含 B 族维生素和植物油的食物的摄入，如大豆油、花生油、菜油等。如果不喜欢增加烹饪的油量，孕妈妈也可适当吃些花生仁、核桃仁、芝麻等油脂含量高的食物。

花生紫米粥
（煮鸡蛋）

花生紫米粥中 B 族维生素含量丰富，对孕妈妈有补益作用。

原料： 紫米 50 克，花生米 50 克，白糖适量。

做法： ❶紫米洗净，放入锅中，加适量水煮 30 分钟。❷放入花生米煮至熟烂，加白糖调味即可。

这样吃更健康 紫米不宜用手反复搓洗，以免使 B 族维生素流失。

小米蒸排骨
（米饭、菠菜鱼片汤）

小米中 B 族维生素含量丰富，是孕妈妈的饮食佳品。

原料： 猪排 250 克，小米 100 克，料酒、冰糖、甜面酱、豆瓣酱、植物油、盐、葱花各适量。

做法： ❶猪排洗净，斩成段；小米洗净。❷猪排加豆瓣酱、甜面酱、冰糖、料酒、盐、植物油拌匀，装入蒸碗内，加入小米，上笼用大火蒸熟，取出，撒上葱花。

这样吃更健康 尽量选择瘦肉，避免摄入过多肥肉。

食材可替换 紫米、大米、红枣一同熬粥，软糯香甜。早上喝一碗，全身都暖洋洋的。

食材可替换 猪排与土豆、青豆、大米一同做成猪排饭，简单又营养。

日间加餐	晚餐	晚间加餐

红枣枸杞饮

（全麦面包）

红枣枸杞饮具有滋补肝肾、益气补血的功效，孕妈妈饮用可以起到补血的作用。

原料： 红枣 4 颗，枸杞子 10 克，冰糖适量。

做法： ❶锅中加适量清水煮开，再加入红枣和枸杞子，煮大约 5 分钟。❷加入冰糖，略煮至溶化即可。

〔这样吃更健康〕有妊娠水肿的孕妈妈适合饮此茶。但红枣不宜长吃，易导致胀气。

松子爆鸡丁

（西红柿面片汤）

此菜中富含的 B 族维生素和脂肪，可为胎宝宝神经系统发育提供必要营养素。

原料： 鸡肉 250 克，鸡蛋 1 个，松子 20 克，核桃仁 20 克，姜末、盐、白糖、料酒、植物油各适量。

做法： ❶鸡蛋打成蛋液；鸡肉切丁，加盐、料酒、蛋液拌匀。❷油锅烧热，将鸡丁、核桃仁、松子分别炒熟。❸另起油锅，放入姜末，倒入鸡丁、核桃仁、松子，加盐、料酒、白糖，翻炒均匀即可。

〔这样吃更健康〕孕妈妈多吃炖鸡、红烧、煲汤，少吃油炸、烟熏烤的鸡肉。

冬瓜蜂蜜汁

冬瓜能有效缓解孕妈妈的水肿症状，且具有出色的美白效果，可以帮助孕妈妈淡化色斑。

原料： 冬瓜 200 克，蜂蜜适量。

做法： ❶冬瓜洗净，去皮和瓤，切块，放锅中煮 3 分钟，捞出，放榨汁机中加适量温开水榨成汁。❷加入蜂蜜调匀即可。

〔这样吃更健康〕蜂蜜 10 克左右为宜，孕妈妈不要放太多。

食材可替换 孕妈妈还可以根据需要，加入银耳，做成羹饮用。

食材可替换 彩椒、蘑菇与鸡肉同炒，色泽鲜亮，味道鲜香，勾人食欲。

食材可替换 除了冬瓜，西红柿也可祛斑，孕妈妈可多吃炒熟的西红柿。

第27周

♥ 宝宝变化：长出绒绒的胎发

到本周，胎宝宝的身长可以达到30厘米左右，体重也接近900克。大脑活动异常活跃，大脑皮层表面开始出现沟回，脑组织也快速增长，头上已经长出了短短的胎发，眼睛已经可以睁开和闭合了。

▶ 饮食指导：补充维生素 B_2

缺乏维生素 B_2，会造成碳水化合物、蛋白质、脂肪以及核酸的能量代谢无法正常进行，导致胎宝宝的营养和能量供给不足，生长发育迟缓。奶酪营养丰富，尤其是维生素 B_2 含量丰富，口味和酸奶类似，是孕妈妈喜欢的味道，食用奶酪蛋汤可以为孕妈妈补充钙质和各种维生素。

▶ 营养重点：维生素 B_2、镁、碳水化合物

维生素 B_2	推荐食物：动物肝脏、紫菜、奶酪、鸡蛋、牛肉
	孕妈妈每天维生素 B_2 的摄入量是1.7毫克，孕期正常饮食都能满足，孕妈妈可以常吃动物肝脏、肾脏、牛奶、奶酪、鸡蛋等富含维生素 B_2 的食物。小麦胚芽粉也含有较多的维生素 B_2，孕妈妈可以常吃。
镁	推荐食物：海带、南瓜、坚果、绿叶蔬菜、全麦食物
	镁对胎宝宝的肌肉和骨骼的发育至关重要，而且有助于钙的吸收，防治孕妈妈的小腿抽筋。孕妈妈每天的摄入量约为450毫克，每星期可以吃2~3次花生，每次5~8粒，就能满足孕妈妈一天的需求量。
碳水化合物	推荐食物：大米、面条、玉米、豌豆、红薯
	孕妈妈应保证每天摄入150克以上的碳水化合物，才能维持孕妈妈正常的血糖水平，才不会影响胎宝宝的正常代谢。但如果孕妈妈体重增加过快，就要适度减少碳水化合物的摄取。

♥ 妈妈变化：便秘的困扰

孕妈妈的体重增长幅度开始增大，有时也会感觉到气短，这是因为子宫底部已经接近了肋缘。由于子宫压迫肠道，便秘困扰随之而来，孕妈妈可以多吃蔬菜，适量加薯类食物代替主食，通过食疗来缓解便秘。

▶宜多吃含钙、镁的食物

钙的摄入量不足有可能引起小腿抽筋，因此，孕妈妈应该多吃海带、芝麻、豆类等含钙丰富的食物，如每天喝一杯牛奶就可以有效地防止小腿抽筋。由于镁能促进钙的吸收，所以孕妈妈也应多吃富含镁的食物。

▶不宜吃刺激性食物

怀孕7个月已到了孕晚期，胎宝宝发育迅速，若此时孕妈妈常吃芥末、辣椒、咖喱等刺激性食物，容易给胎宝宝带来不良刺激。此外，在妊娠期间孕妈妈本身就大多呈血热阳盛状态，而这些辛辣食物性温，孕妈妈常吃会加重血热阳盛、口干舌燥、心情烦躁、便秘等症状。

▶不宜喝糯米甜酒

糯米甜酒和一般酒一样，都含有一定浓度的酒精，只是酒精浓度不如一般酒那般高。但即使是微量酒精，也会毫无阻挡地通过胎盘进入胎宝宝体内，使胎宝宝大脑细胞的分裂受到影响，可能会影响到胎宝宝的智力发育。所以，孕妈妈不宜饮用含有酒精的饮品，糯米甜酒也不例外。

▶不宜光吃菜

许多孕妈妈认为菜比饭更有营养，所以常常多吃菜而少吃饭，这种观点是错误的。菜和饭都是孕妈妈获取营养素的重要来源，只是各自的侧重点有所不同。米、面等主食，是能量的主要来源，孕中期和孕晚期每天应该摄入足够量的米、面及其制品。

对于本月的妈妈，适量食用海带，不仅能预防腿抽筋，还能缓解便秘。

第27周

营养三餐推荐

这一时期是妊娠高血压、妊娠糖尿病的高发期，孕妈妈要在保证营养和能量供给的基础上，合理控制脂肪、碳水化合物等的摄入量。饮食上尽可能荤素搭配，多摄入防便秘的食物，避免因偏食而导致的某些营养素缺乏。

早餐

红枣莲子粥

（豆浆）

红枣莲子粥富含丰富的碳水化合物，养胃健脾，且营养吸收快，适合孕期食用。

原料： 大米 50 克，红枣 4 颗，莲子 20 克。

做法： ❶大米淘洗干净；红枣洗净；莲子用温水泡软，去芯。❷将大米、红枣、莲子放锅内，加适量水，大火煮开，转小火熬煮成粥。

（这样吃更健康）血糖异常的孕妈妈不宜多吃。

食材可替换 大米蒸好后，加入过油稍炒的青菜，焖 5 分钟左右，一道香气四溢的菜饭就做成了。

午餐

西芹炒百合

（米饭、土豆炖牛肉）

西芹不仅营养丰富，还可促进肠道蠕动，清爽的口感还能使孕妈妈有个好胃口。

原料： 百合 100 克，西芹 200 克，葱段、盐、水淀粉、植物油各适量。

做法： ❶百合洗净，掰成小瓣；西芹洗净，切段，用开水焯烫。❷油锅烧热，下入葱段炝锅，再放入西芹和百合翻炒至熟，调入盐、少许水，以水淀粉勾芡即可。

（这样吃更健康）有肠道疾病者应少食西芹。

食材可替换 也可用木耳与百合同炒，有排毒解毒的功效。

日间加餐

酸奶草莓露

草莓含有丰富的维生素 C、胡萝卜素、镁、膳食纤维，搭配酸奶，对准妈妈和胎宝宝的皮肤有很好的润泽作用，同时还能为胎宝宝的快速发育提供钙质。

原料： 草莓 4 个，酸奶 1 袋(约 250 毫升)，白糖适量。

做法： ❶草莓洗净、去蒂，放入榨汁机中，加入酸奶，一起搅打成糊状。❷放入适量白糖即可。

这样吃更健康 草莓用淡盐水泡 2 分钟，能有效去除残留物。

食材可替换 草莓、酸奶还可以搭配苹果、橙子等做成沙拉食用。

晚餐

海米海带丝
（牛肉卤面）

此菜中丰富的矿物质，对胎宝宝大脑发育有一定的辅助作用。

原料： 海带丝 200 克，海米 50 克，红椒、土豆、姜片、盐、香油、植物油各适量。

做法： ❶红椒、土豆洗净，切丝；姜片洗净，切细丝。❷油锅烧热，将红椒丝以微火略煎一下，盛起。❸锅中加清水烧沸，将海带、土豆丝煮熟软，捞出装盘，待凉后将姜丝、海米及红椒丝撒入，加盐、香油拌匀。

这样吃更健康 海带富含碘，孕妈妈注意不要补碘过量了。

食材可替换 将海带丝焯熟，用蒜、醋、蚝油、香油等调味料调匀，就成了一道可口的小凉菜。

晚间加餐

炒红薯泥
（苹果）

红薯的多种营养有助于孕妈妈营养平衡，还有预防便秘的功效。

原料： 红薯 200 克，白糖、植物油各适量。

做法： ❶红薯蒸熟后，去皮，捣成薯泥，加白糖拌匀。❷油锅烧热，倒入红薯泥，快速翻炒，待红薯泥炒至变色后即可。

这样吃更健康 红薯不可单吃，要与蔬菜、水果及蛋白质食物一起吃。

食材可替换 孕妈妈还可准备一些小菜与红薯搭配着吃。

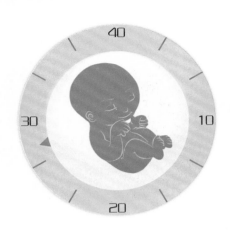

第28周

♥ 宝宝变化：长出睫毛

本周末胎宝宝的体重增加到 1000 克以上，脂肪继续积累，占到胎宝宝体重的 2%~3%。睫毛已经完全长出来了，虽然肺叶还没发育完全，但胎宝宝已经在努力地练习呼吸了。

▶饮食指导：营养均衡，不偏食

本周开始，胎宝宝进入快速增长的阶段，孕妈妈的膳食应多样化、合理性，不偏食。应在前期基础上，适当增加热量、蛋白质和必需脂肪酸的摄入，适当限制糖类和脂肪的摄入。孕妈妈可以多吃些鲤鱼、鲫鱼、黑豆等食品，以缓解水肿症状。

▶营养重点：铁、α-亚麻酸、蛋白质

铁	推荐食物：菠菜、瘦肉、红枣、芝麻、葡萄干
	孕妈妈自身也要储备铁，除了防止因缺铁而导致的头晕乏力、心慌气短等状况出现外，还可以为分娩时失血和产后哺乳的需要提前做好准备。
α-亚麻酸	推荐食物：深海鱼虾类，如鲑鱼、海虾，核桃
	α-亚麻酸对孕妈妈最重要的作用是：控制基因表达，优化遗传基因，转运细胞物质原料，控制养分进入细胞，影响胎宝宝脑细胞的生长发育，降低神经管畸形和各种出生缺陷的发生率。
蛋白质	推荐食物：牛奶、酸奶、豆腐、带鱼、牛肉
	每天 1 个鸡蛋、1 小份肉、1 杯牛奶，每三天 1 份豆类食品或豆腐，就可以满足优质蛋白质的需要。孕妈妈在食用牛奶、鸡蛋等高蛋白的食物时，也要适当吃些蔬菜、粗粮，以达到营养均衡。

营养师有话说

在现阶段，孕妈妈每天所需的铁量为 20~30 毫克，孕妈妈只要常吃含铁丰富的食物，一般就不会缺铁。补铁的同时注意维生素 C 的摄入，这样有利于铁的吸收。另外要注意，蔬菜中的植酸、草酸，以及茶、咖啡都会抑制孕妈妈对铁的吸收，在三餐补铁的时候，要避免和这些食物一同烹制和食用。

♥ 妈妈变化: 肚皮"此起彼伏"

孕妈妈的行动更加不便, 胎宝宝胎动的次数减少, 但是幅度可能增大。孕妈妈常常会看见肚子上出现"凹凸不平"痕迹, 这是胎宝宝在孕妈妈肚子里"调皮捣蛋"呢。

▶ 宜适量吃猪腰

猪腰是孕妈妈补充铁、磷、硒等矿物质和 B 族维生素的极好食物, 但在处理猪腰的时候, 要将肾上腺去除, 即平时说的腰膜。因为它富含皮质激素和髓质激素, 孕妈妈吃了容易诱发妊娠水肿、高血压或糖尿病等。而且孕妈妈每次食用猪腰不要过量, 每周吃 1~2 次即可。

▶ 不宜空腹喝酸奶

空腹喝酸奶时, 乳酸菌很容易被胃酸杀死, 酸奶的营养价值和保健作用就会大大减弱。另外, 酸奶也不应加热后喝, 因为活性乳酸菌不耐高温, 加热后同样使酸奶的营养价值降低, 而且口感也会变差。

▶ 不宜多吃腐竹

腐竹虽然是一种蛋白质丰富的优质豆制品, 每 100 克腐竹含有 54.2 克蛋白质, 但是腐竹的热量比其他豆制品要高, 每 100 克腐竹中就有 8.1 克碳水化合物和 27.2 克脂肪。所以孕妈妈不宜多吃腐竹, 以免体重增加过快, 或者在食用腐竹的时候, 适当减少肉类和油脂的摄入。

▶ 不宜吃蜜饯

当没有食欲的时候, 一些孕妈妈会通过食用蜜饯来刺激味觉, 这种做法是不合适的。因为许多蜜饯含有大量的糖分、添加剂和防腐剂, 过多食用会对孕妈妈的身体造成危害。比如长期过量摄入人工色素会对肝脏和肾脏带来危害; 二氧化硫会破坏人体内的维生素 B_1, 引发哮喘、支气管痉挛等。孕妈妈最好别吃蜜饯一类的食物。

蜜饯含有大量的添加剂和防腐剂, 而且糖分也高, 孕妈妈要忌吃。

第28周

补铁
三餐推荐

要预防妊娠贫血，孕妈妈在饮食上除了多吃一些含铁的食物外，还应注意多吃一些含维生素C较多的果蔬。如果孕妈妈已经检查出贫血，应在医生指导下服用补铁剂，而不是单靠食补。

早餐

豆腐馅饼
（猕猴桃汁）

豆腐含丰富的蛋白质和钙、铁等营养素，适合孕期食用。

原料： 豆腐250克，面粉150克，白菜100克，姜末、葱末、盐、植物油各适量。

做法： ❶豆腐抓碎；白菜洗净，切碎，挤去水分；豆腐、白菜加入姜末、葱末、盐调成馅。❷面粉制成面团，分成10等份，包入馅料。❸平底锅烧热，放入适量油，将馅饼煎至两面金黄。

（这样吃更健康）用新鲜的豆腐和白菜营养更好。

食材可替换　豆腐也可用猪肉馅代替，猪肉白菜馅的馅饼吃起来更香。

午餐

香肥带鱼
（米饭、香菇油菜）

带鱼中α-亚麻酸含量丰富，对孕妈妈有很好的补益作用。

原料： 带鱼1条，牛奶150毫升，熟芝麻、盐、干淀粉各适量。

做法： ❶带鱼处理干净，切成长段，然后用盐拌匀，腌制10分钟，再拌上干淀粉。❷油锅烧热，将带鱼段入锅，炸至金黄色时捞出。❸锅内加适量水，再放入牛奶，待汤汁烧开时放盐、芝麻，不断搅拌。

（这样吃更健康）过敏的孕妈妈不宜吃带鱼。

食材可替换　沙丁鱼做成糖醋味，出锅时加点熟芝麻，口感更好。

日间加餐	晚 餐	晚间加餐

红豆西米露

红豆因为其铁质含量相当丰富，具有很好的补血功能。

原料： 红豆 50 克，牛奶 1 袋，西米、白糖各适量。

做法： ❶红豆提前泡一晚上。❷锅中放水煮沸，放入西米，煮到西米中间剩下个小白点，关火闷 10 分钟。❸过滤出西米，加入牛奶放冰箱中冷藏半小时；红豆加水煮开，直到红豆变软，煮好的红豆沥干水分，加入白糖拌匀。❹把做好的红豆和牛奶西米拌匀，香滑的红豆西米露就做好了。

（这样吃更健康）西米一般适合做露，开水煮到没有白心就行了。

（食材可替换）牛奶也可换成椰汁，也有利尿止泻的功效。

红烧牛肉面

（凉拌空心菜）

牛肉中的铁含量尤其丰富，能有效预防缺铁性贫血。

原料： 牛肉 50 克，面条 100 克，香菜叶、葱段、酱油、盐各适量。

做法： ❶牛肉洗净；葱段、酱油、盐放入沸水中，用大火煮 4 分钟，制成汤汁。❷将牛肉放入汤汁中煮熟，取出晾凉切片。❸面条放入汤汁中，大火煮熟后，盛入碗中，放入牛肉片，撒上香菜叶即可。

（这样吃更健康）牛肉面中可适当放一些香菜叶，能增进食欲。

（食材可替换）面条煮熟后，过凉水，加牛肉酱、黄瓜丝、香葱一同拌匀，适合炎热的夏季食用。

蜜汁南瓜

南瓜含有丰富的膳食纤维和维生素及碳水化合物，是适合孕妈妈的极好食材。

原料： 南瓜 300 克，红枣、白果、枸杞子、蜂蜜、白糖、姜片、植物油各适量。

做法： ❶南瓜去皮、切丁；红枣、枸杞子用温水泡发。❷切好的南瓜丁放入盘中，加入红枣、枸杞子、白果、姜片，入蒸笼蒸 15 分钟。❸锅内放少许油，加水、白糖和蜂蜜，小火熬制成汁，倒在南瓜上即成。

（这样吃更健康）血糖异常的孕妈妈不宜过量吃南瓜。

（食材可替换）南瓜用红薯代替，加红枣、蜂蜜一同蒸食，能使孕妈妈的肠道更健康。

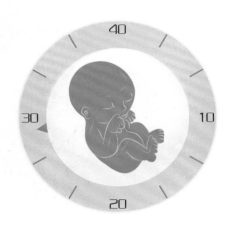

第29周

♥ 宝宝变化：会做梦了

本周胎宝宝的体重达到1300克左右，身长大约有35厘米。大脑持续快速发育，头在增大，由于脑波运动，胎宝宝形成了自己的睡眠周期，甚至能够做梦了。

▶饮食指导：补气养血

进入孕晚期，胎宝宝的体重增加很快，如果营养跟不上，孕妈妈往往会出现贫血、水肿、高血压等妊娠并发症。这一时期孕妈妈需要补气、养血、滋阴，营养增加总量为孕前的20%~40%。孕妈妈所吃的食品种应多样化、荤素搭配、粗细粮搭配、主副食搭配。副食品可以选择牛奶、鸡蛋、豆类制品、禽类、瘦肉类、鱼虾类和蔬果类。总而言之，孕妈妈不能挑食；还要适当补充铁，防止贫血；补充钙、磷等有助于胎宝宝骨骼及脑组织发育；补充钙质可经常吃些牛奶、豆制品、骨头汤和小虾皮等。

▶营养重点：碳水化合物、蛋白质、维生素C

碳水化合物	推荐食物：大米、糯米、面食、坚果、银耳
	怀孕第8个月，胎宝宝开始在肝脏和皮下储存糖原及脂肪，此时孕妈妈要及时补充足够的碳水化合物。如果孕妈妈的碳水化合物摄入不足，就容易造成蛋白质和脂肪过量消耗。结合孕妈妈的体重，碳水化合物每日摄入量要控制在350~450克。
蛋白质	推荐食物：鸡蛋、鸡肉、牛肉、牛奶、黄豆、豆腐
	孕晚期是胎宝宝大脑快速发育的时期，孕妈妈对蛋白质的摄入要增加到每天85~100克，建议将动物性蛋白与植物性蛋白搭配摄取。
维生素C	推荐食物：菠菜、豆角、青椒、橙子、胡萝卜、西蓝花、南瓜
	水果和蔬菜中富含的维生素C可减少皮肤黑色素的沉积，有助于孕妈妈祛除妊娠斑和妊娠纹，增强身体抵抗力，而且有助于铁的吸收。

♥ 妈妈变化：出现假宫缩

孕妈妈有时会觉得肚子一阵阵地发硬发紧，这是假宫缩现象，不必太担心。胎宝宝比较好动而且没有时间规律，有时在孕妈妈睡觉的时候动个不停，当孕妈妈醒着的时候他却安静地睡着了。

▶宜适量吃坚果

许多坚果仁都富含蛋白质、油脂、矿物质和维生素，其营养价值远比一般食品全面。虽然大多数坚果有益于孕妈妈和胎宝宝的身体健康，但因油性比较大，而孕期孕妈妈的消化功能相对减弱，过量食用坚果很容易引起消化不良。

▶不宜忌盐

孕晚期，有水肿症状的孕妈妈不宜吃含盐高的食物，但是孕妈妈也不宜忌盐。因为孕妈妈体内新陈代谢比较旺盛，特别是肾脏的过滤功能和排泄功能比较强，钠的流失也随之增多，所以容易导致孕妈妈食欲缺乏、倦怠乏力，严重时会影响胎宝宝的发育。因此，孕晚期孕妈妈摄入盐要适量，不能过多，但也不能完全限制。

▶不宜多吃高热量食物

虽然孕妈妈要补充足够的碳水化合物，但要注意少吃高热量食品，以免体重增长过快，造成分娩困难。因此，孕妈妈每周的体重增加在 300~400 克比较合适，不宜超过 500 克。

▶孕 8 月孕妈妈指标一览表

体形	腹部隆起极为明显，肚脐突出。
子宫	进一步增大，宫高达到 25~28 厘米。
腹围	月末的标准腹围有 89 厘米，上下限分别是 95 厘米和 84 厘米。
体重	体重继续增加，连走动都会觉得费力。
饮食	受到子宫的压迫，不仅呼吸费力，而且食欲也下降了。
情绪	背部不适、便秘、呼吸费力等状况让孕妈妈的情绪起伏较大。

第29周

能量
三餐推荐

　　孕晚期是胎宝宝在肝脏和皮下储存糖原和脂肪的关键时期，所以，碳水化合物和脂肪的摄入是孕妈妈饮食的重点，但也不能过量。如果体重增加过多，孕妈妈要根据医生的建议适当控制饮食，少吃淀粉或脂肪，多吃蛋白质、维生素含量高的食物，以免胎宝宝过大，造成分娩困难。

早 餐

丝瓜虾仁糙米粥
（花卷）

糙米富含的碳水化合物，能帮助胎宝宝在肝脏和皮下储存糖原及脂肪；虾富含钙和铁，有助于满足胎宝宝此阶段脾脏储存铁的需要。

原料： 丝瓜 1/2 根，虾仁 4 个，糙米 1/3 碗，盐适量。

做法： ❶将糙米清洗后加水浸泡约 1 小时；将虾仁洗净，与糙米一同放锅中。❷加入 2 碗水，用中火煮约 25 分钟成粥状。❸丝瓜洗净，切丁放入已煮好的粥内稍煮，加适量盐调味。

（这样吃更健康）糙米泡软后要将碎壳拣净才能放入锅内，与其他食材同煮。

（食材可替换）也可以用黑米做粥，黑米可以改善缺铁性贫血、抗应激反应以及免疫调节等多种生理功能。

午 餐

南瓜蒸肉
（米饭、虾仁冬瓜汤）

这是孕妈妈和胎宝宝补充蛋白质和维生素的最佳食物，独特的造型更增添了孕妈妈的食欲。

原料： 小南瓜 1 个，猪肉 150 克，甜面酱、白糖、葱末各适量。

做法： ❶南瓜洗净，在瓜蒂处开一个小盖子，挖出瓜瓤。❷猪肉洗净切片，加甜面酱、白糖、葱末拌匀，装入南瓜中，盖上盖子，蒸 2 小时取出即可。

（这样吃更健康）这道菜不宜有肥肉，所以要用纯瘦肉，五花肉也尽量不要用。

（食材可替换）南瓜还可以用小冬瓜代替，孕妈妈常吃可预防水肿的发生。

日间加餐

银耳鸡汤

银耳配鸡汤,能增强孕妈妈的食欲,而且能够帮助孕妈妈补充能量,强身健体。

原料: 银耳 20 克,鸡汤、盐、白糖各适量。

做法: ❶将银耳洗净,用温水泡发后去蒂。❷将银耳放入砂锅中,加入适量鸡汤,用小火炖 30 分钟左右。❸待银耳炖透后放入盐、白糖调味。

这样吃更健康 鸡汤口味要稍淡,盐不宜多放。

食材可替换 蘑菇也可与鸡汤做成咸鲜味的汤,适合夏季出汗过多的孕妈妈喝。

晚餐

排骨汤面

(素火腿)

此面富含卵磷脂、蛋白质等营养,易于消化吸收。

原料: 猪排骨 50 克,小白菜 30 克,面条、盐、葱段、姜片、白糖、植物油各适量。

做法: ❶小白菜洗净,焯熟,切丝备用;猪排骨洗净,切段。❷油锅烧热,爆香葱段、姜片,倒入猪排骨、盐,炒至排骨变色,加水,用大火烧沸。❸中火煨至排骨熟透,放入白糖。❹另起一锅煮熟面条后倒入排骨和汤汁,沿碗边摆上白菜丝即可。

这样吃更健康 吃排骨喝汤,营养吸收更充分。

食材可替换 也可以在面条中加些瘦肉丝或菠菜、苋菜等,有补铁补血的作用。

晚间加餐

山药糊

山药含有大量的淀粉和维生素、蛋白质、氨基酸,同时吃山药还可以帮助胃肠消化吸收,促进肠蠕动,预防和缓解便秘。

原料: 山药 300 克,白糖少许。

做法: ❶山药去皮,洗净,以文火煮烂。❷煮好的山药捣成糊状,加少许白糖即可。

这样吃更健康 如果表面有异常斑点的山药绝对不能买,山药断面应带有黏液,外皮无损伤。

食材可替换 孕妈妈还可以根据个人口味,调入黑芝麻,黑白搭配,营养美味。

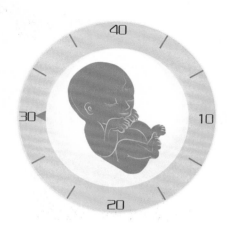

第30周

♥ 宝宝变化：头部继续增大

胎宝宝的眼睑睁闭更加灵活熟练，已经能辨认和跟踪光源了。大脑继续发育，头部继续增大，头发更浓密了，肺部发育日趋完善，骨髓开始造血，骨骼也开始变硬。

▶饮食指导：补充 α- 亚麻酸，促进胎宝宝智力发育

在孕晚期，孕妈妈体内会产生两种和 DHA 生成有关的酶。在这两种酶的帮助下，胎宝宝的肝脏可以利用母血中的 α- 亚麻酸来生成 DHA，帮助发育完善大脑和视网膜。孕妈妈此时应每天吃一些核桃等富含 α- 亚麻酸的坚果，来帮助胎宝宝成长。

▶营养重点：α- 亚麻酸、膳食纤维

	推荐食物：亚麻籽油、核桃、松子、葵花子
α- 亚麻酸	世界卫生组织建议孕产期日补充 1000 毫克 α- 亚麻酸为宜。如果怀孕期间错过补充的最佳时机，或者补得不够，都极有可能造成胎宝宝发育不良、体形小于正常胎宝宝、视力不好、抵抗力差等后果。 亚麻籽油是从亚麻的种子中提取的油类，其中富含超过 50% 的 α- 亚麻酸。含 α- 亚麻酸多的食物还包括：核桃，深海鱼虾类如石斑鱼、鲑鱼、海虾等。孕妈妈用亚麻籽油炒菜或者每天吃几个核桃，都可以补充 α- 亚麻酸。
膳食纤维	推荐食物：芹菜、白菜、胡萝卜、糙米、小麦、苹果 孕妈妈每天摄入膳食纤维有助于保持消化系统的健康，为胎宝宝提供充足的营养素。建议孕妈妈每天摄入量在 20~30 克为宜。膳食纤维在蔬菜、水果、五谷杂粮、豆类及菌藻类食物中含量丰富。

营养师有话说

α- 亚麻酸通过人体自身不能合成，只有直接食用含有它的食物才能达到补充效果。由于本月是胎宝宝大脑处于迅速成长的特别阶段，建议孕妈妈每天应补充 10 克左右。亚麻籽油中 α- 亚麻酸的含量相对较高，孕妈妈可在平时烹饪时适当用一些。另外，孕妈妈此时还应多吃一些核桃等富含 α- 亚麻酸的坚果，来帮助胎宝宝成长。

♥ 妈妈变化: 看不到脚尖了

孕妈妈会感到身体愈发沉重，肚子大得看不到脚尖了，行动会很吃力，胃偶尔会感到不适，无论是身体舒适感还是食欲，与孕中期相比都有所下降。

▶宜适量吃茭白

茭白富含蛋白质、碳水化合物、膳食纤维、B族维生素及钙、铁、锌等营养成分，有清热消毒、解暑消渴的作用。孕妈妈适量食用一些茭白，可以预防妊娠高血压综合征和妊娠水肿。

▶宜适量吃金针菇

金针菇含有蛋白质、铁、钙、维生素等营养成分，尤其是它所含的蛋白质大部分为有健脑益智功效的赖氨酸。孕妈妈适量食用金针菇，对胎宝宝的大脑发育十分有益。

▶不宜多吃山竹

山竹果肉富含膳食纤维、碳水化合物、维生素及镁、钙、磷、钾等矿物质。中医认为其有清热降火、减肥润肤的作用。山竹虽然富含膳食纤维，但同时也含有鞣酸，过多食用会引起便秘。孕妈妈如果吃山竹，一定要注意数量，每天吃的山竹量以不超过 3 个为宜。

▶不宜多吃洋葱

洋葱含有多种营养素，抗寒，能抵御地域流感病毒，具有较强的杀菌作用。但是一次不宜吃太多，否则容易引起目眩和发热。同时因为洋葱性温，孕妈妈也最好不要多吃，以免生痔疮。

紫皮洋葱相较白皮洋葱营养更好，但味辛辣，一次不宜吃太多。

健脑
三餐推荐

在孕8月里，胎宝宝的生长速度达到最高峰。孕妈妈除了延续之前的营养补充方案外，本周还要补充α-亚麻酸、脂肪酸，帮助胎宝宝大脑、视网膜的发育更加完善。

奶油葵花子粥
（花卷）

葵花子中含有丰富的不饱和脂肪酸，孕妈妈常吃有助于胎宝宝的大脑发育。

原料： 南瓜50克，熟葵花子10克，大米50克，奶油适量。

做法： ❶南瓜洗净，去皮、瓤，切小块；大米洗净，浸泡30分钟。❷锅中放入大米、南瓜块和适量水，大火烧沸后，改小火熬煮。❸待粥快煮熟时，放入葵花子、奶油，搅拌均匀即可。

（这样吃更健康）奶油不宜放太多。

（食材可替换）奶油也可以换成牛奶，一样的好滋味。

宫保素三丁
（米饭、鱼片汤）

此菜含碳水化合物、多种维生素、膳食纤维等各种营养素，有利于胎宝宝发育。

原料： 土豆200克，甜椒、黄瓜各100克，花生仁50克，葱末、白糖、盐、香油、水淀粉、植物油各适量。

做法： ❶将甜椒、黄瓜、土豆洗净，切丁；将花生仁、土豆丁分别过油炒熟。❷油锅烧热，煸香葱末，放入甜椒丁、黄瓜丁、土豆丁、花生仁，大火快炒，加白糖、盐调味，用水淀粉勾芡，最后淋香油即可出锅。

（这样吃更健康）搭配一道肉菜同吃，更营养。

（食材可替换）爱吃肉的孕妈妈，可以加些鸡肉丁，色泽油亮的宫保鸡丁就做成了。

日间加餐

火龙果酸奶汁

此饮品含有丰富的维生素和矿物质，叶酸含量也很丰富，尤其适合胃口不佳的孕妈妈食用，对胎宝宝头发的浓密和皮肤的发育很有好处。

原料： 火龙果、柠檬各 1 个，酸奶 1/2 袋（120 毫升）。

做法： ❶火龙果切小块后去皮备用。❷柠檬去皮后榨成汁。❸将柠檬汁倒入搅拌器中，再加入火龙果、酸奶拌匀即可。

（这样吃更健康）火龙果属凉性，孕妈妈不宜多吃，另外火龙果也不宜与牛奶同食。

（食材可替换） 火龙果、李子、梨加入酸奶搅拌均匀，做成沙拉，不仅美味，而且营养更丰富。

晚餐

西红柿焖牛肉

（米饭、烧茄子）

牛肉中的蛋白质、铁等营养成分，可为胎宝宝的发育提供充足的营养素，西红柿让孕妈妈更有胃口。

原料： 牛肉 150 克，西红柿 1 个，水淀粉、酱油、白糖、姜片、高汤、植物油各适量。

做法： ❶牛肉洗净，放入清水锅中，加姜片，小火炖烂，捞出牛肉晾凉，切块；西红柿洗净，切块。❷油锅烧热，煸炒西红柿，再放酱油、白糖、姜片、高汤拌匀，放入牛肉块，小火煮五六分钟，最后用水淀粉勾芡。

（这样吃更健康）内热的孕妈妈应少吃牛肉。

（食材可替换） 西红柿炒出汤汁，放入鱼肉，再加水焖熟，一道西红柿焖鱼就做成了。

晚间加餐

猕猴桃西米羹

香甜可口的猕猴桃西米羹，可为孕妈妈补充维生素。

原料： 西米 50 克，猕猴桃 2 个，枸杞子、白糖各适量。

做法： ❶西米洗净，水泡 2 小时。❷猕猴桃去皮切成粒，枸杞子洗净。❸锅里放适量水烧开，放西米煮 3 分钟，加猕猴桃、枸杞子、白糖，用小火煮透即可。

（这样吃更健康）糖尿病及腹泻的孕妈妈不宜多吃猕猴桃西米羹。

（食材可替换） 西米煮熟盛入碗内，加菠萝丁、火龙果丁、草莓丁、蜂蜜调匀，就是可口的西米露。

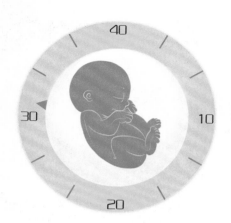

第31周

♥ 宝宝变化：体重快速增加

胎宝宝的皮下脂肪更加丰富，皮肤上的皱纹变少了，头部和身体的比例更加合理，由于大脑和神经系统的发育，胎宝宝控制肌肉、四肢的动作更加熟练。

▶ 饮食指导：补充蛋白质

现阶段，孕妈妈的基础代谢率增至最高峰，胎宝宝生长速度也增至最高峰，孕妈妈应尽量补充由于胃容量减小而减少的营养摄入量。其中，要注意优质蛋白质的摄入。与孕中期相比，孕妈妈可适当增加摄取量，每天摄取85~100克蛋白质为最佳。除了蛋白质，还必须摄入适量的脂肪、充足的碳水化合物及各种维生素、矿物质。值得注意的是，由于胎宝宝的增大，孕妈妈会感觉呼吸困难，进食后会觉得胃不舒服，影响食欲。此时最好少吃多餐，以减轻胃部不适。

▶ 营养重点：蛋白质、钙、脂肪

蛋白质	推荐食物：鸡蛋、牛奶、鸡肉、豆制品、鱼
	需要特别强调的是，鱼肉含有优质蛋白质，脂肪含量却很低，鱼还含有各种维生素、矿物质和鱼油，有利于胎宝宝大脑发育和骨骼发育，是孕晚期最佳的蛋白质来源。
钙	推荐食物：牛奶、豆制品、虾、鸡蛋、鱼
	到了孕晚期，孕妈妈每天对钙的需求量增加到1200毫克，因此更要多注重补钙。无论是通过食物补充，还是单独补钙，都要保证足够的摄入量，但也不宜过量。
脂肪	推荐食物：植物油、坚果、鱼类
	植物油是人们获取不饱和脂肪酸最普遍的来源，对孕妈妈来说也是如此。除了植物油之外，动物油中的鱼油也是不饱和脂肪酸。孕妈妈可以常吃鱼类，获得丰富的不饱和脂肪酸。

♥ 妈妈变化：容易感到疲倦

这时子宫底已经上升到接近横膈处，孕妈妈会感到呼吸有些困难，有时候会没有食欲，吃下食物后会觉得胃里不舒服，这种情况会逐渐得到缓解。

▶ 宜吃香蕉缓解疲劳

香蕉中的糖分可以很快转化为葡萄糖，被孕妈妈快速吸收，为孕妈妈提供能量。香蕉中的镁，帮助孕妈妈缓解疲劳。香蕉虽好，但孕妈妈在食用的时候也要注意，香蕉性寒，脾胃虚寒的孕妈妈要慎食，以免引起腹泻。可以把香蕉切成片放进麦片粥里，也可以搭配牛奶、全麦面包一起做早餐。

▶ 宜保持饮食的酸碱平衡

肉类、鱼类、蛋类、虾贝类等食物都是酸性食物，蔬菜、葡萄、草莓、柠檬等都是碱性食物。所以孕妈妈既要保证肉类的摄入量，也要适当食用蔬菜水果，使身体保持酸碱平衡，否则会影响胎宝宝的发育。

▶ 不宜饭后马上吃水果

食物进入胃里需要一两个小时的时间来消化，如果饭后立即吃水果，先到达胃的食物会阻碍胃对水果的消化。水果在胃里积滞时间过长会发酵产生气体，容易引起腹胀、腹泻或便秘等症状，对孕妈妈和胎宝宝的健康不利。

▶ 不宜补钙过量

虽然补钙很重要，但也不能过量。孕妈妈如果盲目补钙，比如大量喝牛奶，加服钙片、维生素D等，可能会对胎宝宝造成高钙血症等一系列不良的影响，不利于胎宝宝的健康发育。一般来说，孕妈妈只要合理饮食，就能保证足够的钙摄入量，不要额外补充。

适当吃些香蕉、火龙果、橙子，可帮助孕妈妈缓解疲劳。

壮胎
三餐推荐

胎宝宝这周身高增加减慢而体重迅速增加，表明胎宝宝需要更多的蛋白质和钙，孕妈妈可适当增加肉食类及大豆类食品的摄入。另外，早餐、晚餐、加餐可以多吃一些粥、汤及面条，既易消化，又能提供充足的营养素。

早餐

小米鳝鱼粥
（煮鸡蛋）

此粥含有丰富的蛋白质、维生素和矿物质，有助于满足孕妈妈的营养需求。

原料：小米 50 克，鳝鱼肉 50 克，胡萝卜、姜末、盐各适量。

做法：❶小米洗净；鳝鱼肉洗净，切成段；胡萝卜洗净，切丁。❷锅中加适量水，放入小米，大火烧开，再转小火煲 20 分钟。❸放入姜末、鳝鱼肉、胡萝卜丁煮透后，再放入盐调味即可。

这样吃更健康 烹饪前最好用开水烫去鳝鱼身上的黏液，这样烧出来的鳝鱼才更美味。

食材可替换 鳝鱼段也可与青椒、洋葱同炒，肉质软嫩、气味清香，是一道可口的佳肴。

午餐

老鸭汤
（米饭、冬笋拌豆芽）

鸭肉里含有丰富的蛋白质和氨基酸，适合孕妈妈和胎宝宝，而且味道鲜美。

原料：鸭肉 300 克，酸萝卜 200 克，豆腐 100 克，橘皮、盐、植物油各适量。

做法：❶鸭肉洗净，切块；酸萝卜洗净，切片；豆腐切块。❷油锅烧热，把鸭块倒入锅中翻炒至金黄色。❸水烧开，倒入炒好的鸭块、酸萝卜，加入橘皮、豆腐、盐，用慢火煨至肉烂即可。

这样吃更健康 食用时可撇去汤上面的浮油，避免摄入过多油脂。

食材可替换 鸭肉还可以与莲藕一同炖煮，莲藕吸收了鸭肉的香味，鸭肉软烂而不油腻，吃起来很可口。

日间加餐	晚餐	晚间加餐

素火腿

（五谷豆浆）

油豆腐皮含钙、钾丰富，虾仁富含蛋白质和钙，可使胎宝宝更强壮。

原料： 油豆腐皮 100 克，虾仁 150 克，盐、高汤、香油各适量。

做法： ❶油豆腐皮用冷水浸一下，取出；虾仁用盐、高汤、香油抓拌。❷将虾摆在油豆腐皮上，卷成卷儿，在蒸锅中蒸熟，切成段即可。

这样吃更健康 有过敏性鼻炎、过敏性紫癜的孕妈妈宜少吃虾。

食材可替换 油豆腐皮用开水烫软，切丝，与黄瓜丝、胡萝卜丝拌成凉菜，吃起来有嚼劲，还非常爽口。

山药五彩虾仁

（牛肉卤面）

山药五彩虾仁中的蛋白质、维生素含量丰富，为胎宝宝感觉器官的发育成熟提供全面的营养。

原料： 山药 200 克，虾仁 100 克，甜椒 50 克，胡萝卜 40 克，盐、香油、料酒、植物油各适量。

做法： ❶山药、胡萝卜去皮，洗净，切成条，放入沸水中焯烫；虾仁洗净，用料酒腌 20 分钟，捞出；甜椒洗净，切粗丝。❷油锅烧热，放入山药、胡萝卜、虾仁、甜椒同炒至熟，加盐，淋香油。

这样吃更健康 对虾过敏的孕妈妈应避免食用。

食材可替换 山药与鸡肉同炖汤，鸡肉软嫩入味，山药口感绵软。

黄花菜粥

黄花菜中含有丰富的蛋白质以及矿物质、维生素等，可以帮助孕妈妈补充多种营养素。

原料： 干黄花菜 20 克，糯米 100 克，瘦肉末、盐、葱花各适量。

做法： ❶干黄花菜洗净，煮透，切碎；糯米洗净。❷糯米放入锅中，加水熬煮，待米粒煮开花时放入瘦肉末、干黄花菜，加盐调味，撒上葱花即可。

这样吃更健康 鲜黄花菜食用后可能引起咽喉发干、呕吐、恶心，因此不宜吃。

食材可替换 水发黄花菜焯熟后与胡萝卜丝、豆腐、木耳、香葱同炒，就是孕妈妈喜欢的鱼香豆腐。

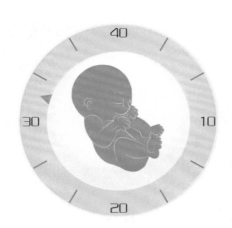

第32周

♥ 宝宝变化：感觉器官发育完全

32周的胎宝宝已经足月了，此时，他的内脏器官已经发育成熟，出现了脚趾甲。最重要的是，胎宝宝的五种感觉器官已经完全发育好并开始运转了，他还喜欢转动头部。

▶ 饮食指导：多吃易消化吸收的粥和汤菜

孕妈妈现在可以多吃一些有养胃作用，易于消化吸收的粥和汤菜。在做这些粥的时候，可以根据自己的口味和具体情况添加配料，或配一些小菜、肉食一起吃；可以根据自己的饮食习惯，熬得稠一些，也可以熬得稀一些。如果孕妈妈体重增长过多，就应该根据医生的建议适当控制饮食，少吃淀粉和脂肪，多吃蛋白质、维生素含量较高的食品，以免宝宝生长过大，造成分娩困难。

▶ 营养重点：铁、维生素C、蛋白质

铁	推荐食物：动物肝脏、瘦肉、木耳、菠菜、香菇、红枣
	与孕中期相比，现在孕妈妈可适当增加铁的摄入量，每日以20~30毫克为最佳。孕妈妈不要补充过量，过量补充铁质同样会对孕妈妈和胎宝宝造成不利影响。
维生素C	推荐食物：西红柿、西蓝花、猕猴桃、草莓、西红柿、橙子
	维生素C主要来源于新鲜蔬菜和水果。水果中以草莓、猕猴桃等含量高；蔬菜中以西红柿、豆芽等含量高，而且蔬菜中的叶部比茎部含量高，新叶比老叶含量高。在治疗孕期缺铁性贫血时，如果同时补充维生素C可以促进铁的吸收，达到事半功倍的效果。
蛋白质	推荐食物：豆制品、牛肉、鸡蛋、瘦肉
	如果孕妈妈体重增长过快，孕妈妈就应该减少脂肪和碳水化合物的摄入，转而适当增加蛋白质的摄入。

营养师有话说

孕周越长，胎宝宝需要的铁就越多。适时补铁还可以改善孕妈妈的睡眠质量。药物补铁应在医师指导下进行，过量的铁将影响锌的吸收利用。牛奶中磷、钙会与体内的铁结合成不溶性的含铁化合物，影响铁的吸收，服用补铁剂不宜同时喝牛奶。

♥ 妈妈变化：坚持散步，为分娩做准备

　　孕妈妈的体重继续增加，会感到下腹坠胀感明显，这是由于胎宝宝快速生长发育造成的。由于胎头下降，压迫膀胱，孕妈妈还会感到疲惫和尿意频繁。

▶宜多吃西蓝花

　　西蓝花富含维生素 C，每 100 克西蓝花中维生素 C 含量为 56 毫克，而每 100 克西红柿中维生素 C 含量才为 19 毫克。此外，西蓝花中含有丰富的钾、钙、铁、硒、锌等矿物质，能对胎宝宝的心脏起到很好的保护作用。

▶宜常吃紫色蔬菜

　　紫色蔬菜中含有一种特别的物质——花青素。花青素除了具备很强的抗氧化、预防高血压、减缓肝功能障碍等作用之外，还有改善视力、预防眼睛疲劳等功效。对于孕妈妈来说，花青素还是预防衰老的好帮手，其良好的抗氧化能力能帮助调节自由基。长期使用电脑或者看书多的孕妈妈更应多摄取。

▶宜适量吃黑豆

　　黑豆能养血疏风，有解毒利尿、明目养精的功效。孕妈妈如果有上火、头痛、水肿、阴虚烦热等不适，都可以吃些黑豆。生黑豆中有一种抗胰蛋白酶的成分，会影响蛋白质的消化吸收，引起腹泻。但是黑豆烹制熟了后，这种抗胰蛋白酶就会被破坏，黑豆对人体就不会有副作用。

▶不宜用豆浆代替牛奶

　　一些孕妈妈喜欢用豆制品来代替牛奶。其实这种做法是不科学的。首先大豆里的钙含量有限，另外本身做成豆制品浓度也是问题，所以不好计算摄入的钙量。虽然鼓励孕妈妈吃豆制品，但是不鼓励用豆制品替换牛奶。

富含花青素的紫甘蓝是孕妈妈抗疲劳、抗皮肤衰老的理想食物，可以与圆白菜交替着吃。

第32周

补铁
三餐推荐

蛋白质的补充依旧不能忽视，而继续补铁是孕妈妈这一周的饮食重点，不仅是为了胎宝宝的需求，还是为了将要生产做准备。除了吃一些富含铁的食物外，孕妈妈可以同步补充维生素C，这样可以促进铁的吸收，而且营养摄取更全面。

早餐

木耳粥
（煮鸡蛋）

木耳粥中富含碳水化合物、铁等营养成分，可为孕妈妈补充能量。

原料： 干木耳15克，大米50克。
做法： ❶将干木耳用温水泡发，撕成瓣状；大米洗净。❷将大米、木耳放入锅内，加水，用大火烧沸，再用小火煮至米烂即可。

这样吃更健康 干木耳泡发后，仍然紧缩在一起的不宜吃。

食材可替换 大米也可与紫薯煮好后倒入料理机，调入适量牛奶，搅拌成米糊，一道美食就做成了。

午餐

爆炒鸡肉
（米饭、海带豆腐汤）

此菜富含铁、蛋白质，对体虚的孕妈妈有很好的食疗作用。

原料： 鸡肉200克，胡萝卜、土豆、香菇各30克，盐、酱油、淀粉、植物油各适量。
做法： ❶胡萝卜、土豆洗净，去皮，切块；香菇洗净，切片；鸡肉洗净，切丁，用酱油、淀粉腌10分钟。❷油锅烧热，放入鸡丁翻炒，再放入胡萝卜块、土豆块、香菇片，加适量水，煮至土豆绵软，加盐调味。

这样吃更健康 妊娠高血压综合征、体重超重的孕妈妈不宜吃太多鸡肉。

食材可替换 鸡肉与苋菜做成馅饼，只看酥脆的外表，就能吊起孕妈妈的胃口。

日间加餐

南瓜紫菜鸡蛋汤

此汤味道鲜美、营养丰富，适合孕妈妈食用。

原料：南瓜 100 克，鸡蛋 1 个，紫菜、盐各适量。

做法：❶南瓜洗净后，切块；紫菜泡发后洗净；鸡蛋打入碗内搅匀。❷将南瓜块放入锅内，煮熟透，放入紫菜，煮 10 分钟，倒入蛋液搅散，出锅前放盐即可。

这样吃更健康 南瓜宜与肉类、蛋类同食，营养搭配合理。

食材可替换 黄豆、糙米、南瓜一同煮粥，豆酥瓜香，软糯滑口。

晚餐

豆角小炒肉
（紫米粥）

豆角小炒肉中丰富的蛋白质、铁和维生素，可满足胎宝宝体重快速增加的需要。

原料：瘦肉 100 克，豆角 200 克，姜丝、盐、香油、植物油各适量。

做法：❶瘦肉洗净切丝；豆角择洗干净，沿纵向剖半，斜切成段。❷油锅烧热，煸香姜丝，放入肉丝炒至变色，倒入豆角段。❸准备半碗凉水，一边炒，一边点入适量水，待豆角将熟，放入盐调味，出锅前淋几滴香油。

这样吃更健康 口腔溃疡的孕妈妈不宜吃姜。

食材可替换 山药与瘦肉同炒，山药的脆爽搭配肉的鲜嫩，营养又美味。

晚间加餐

蛤蜊白菜汤
（馒头）

蛤蜊中蛋白质、钾、锌含量丰富，可为胎宝宝四肢及消化系统的发育提供营养。

原料：蛤蜊 250 克，白菜 100 克，姜片、盐、香油各适量。

做法：❶在清水中滴入少许香油，将蛤蜊放入，让蛤蜊彻底吐净泥沙，冲洗干净，备用；白菜洗净，切块。❷锅中放水、盐和姜片煮沸，把蛤蜊和白菜一同放入。❸转中火继续煮，蛤蜊张开壳，白菜熟透后即可关火。

这样吃更健康 贝类含寄生虫，一定要煮熟后才能食用。

食材可替换 冬瓜与蛤蜊煮汤，可以缓解孕妈妈水肿的症状。

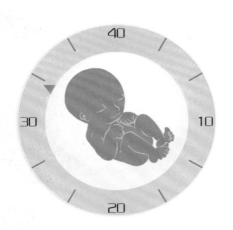

第33周

♥ 宝宝变化: 胎动减少了

孕妈妈子宫内已经没有多少活动的空间了，胎宝宝的胎动次数会比之前有所下降。此外，胎宝宝的身体更加圆润，皮肤也从红色变成可爱的粉红色，生殖器官的发育已接近成熟。

▶ 饮食指导: 保证碳水化合物的摄入

孕妈妈怀孕第八个月，胎宝宝开始在肝脏和皮下储存糖原及脂肪。如果这个阶段孕妈妈体内碳水化合物摄入不足，就容易造成蛋白质和脂肪过量消耗。结合孕妈妈的体重，主食每日摄入量要控制在 250~350 克。

▶ 营养重点: 碳水化合物、钙、维生素 B_2

碳水化合物	推荐食物: 黑米、荞麦、坚果、蚕豆、藕
	碳水化合物的早餐推荐: 用富含膳食纤维的全麦类食物搭配优质的蛋白质类食物(如牛奶、蛋类)就很不错。其中淀粉和蛋白质的摄入比例最好是 1:1。
钙	推荐食物: 紫菜、牛奶、豆腐、虾皮、花生
	整个孕期都需要补钙，但孕后期钙的需求量明显增加，一方面孕妈妈自身钙的储备增加有利于防止妊娠高血压的发生；另一方面胎宝宝的牙齿、骨骼钙化加速，而且胎宝宝自身也要储存一部分钙以供出生后所需。
维生素 B_2	推荐食物: 鸡蛋、牛奶、紫菜、茄子
	维生素 B_2 有助于促进机体对蛋白质、脂肪和碳水化合物的代谢，同时还参与红细胞的形成，并且有助于铁的吸收以及维生素 B_6 的代谢。

♥ 妈妈变化: 尿意频繁

大多数胎宝宝的头已经降入骨盆，开始压迫子宫颈和膀胱，孕妈妈现在喘不过气和胃灼热等感觉都有所减轻，但是会感到尿意频繁，上厕所的次数增加。

▶宜适当吃鳝鱼

每 100 克鳝鱼肉中含蛋白质 18 克、脂肪 1.4 克、钙 42 毫克、磷 206 毫克、铁 2.5 毫克等。鳝鱼是高蛋白、低脂肪食物，能补中益气，治虚疗损。孕妈妈常吃鳝鱼可以预防妊娠期高血压和妊娠糖尿病。需要注意的是，不新鲜的鳝鱼会滋生大量的细菌和毒素，所以食用的鳝鱼一定是鲜活的。

▶宜适当吃零食

越到孕晚期，孕妈妈越想靠吃零食来缓解内心的紧张情绪。在紧张工作或学习的间隙，吃点零食，可以转移注意力，使精神得到更充分的放松。零食的选择范围很广，但对孕妈妈来说，最好避免高盐、油炸、膨化等食品，孕妈妈可选择酸奶、坚果等零食来缓解紧张的情绪。

▶不宜天天喝浓汤

孕晚期不宜天天喝浓汤，即脂肪含量很高的汤，如猪蹄汤、鸡汤等，因为过多的高脂食物不仅让孕妈妈身体发胖，也会增加肠胃负担。比较适宜的汤是富含蛋白质、维生素、钙、磷、铁、锌等营养素的清汤，如瘦肉汤、蔬菜汤、蛋花汤、鲜鱼汤等。而且要保证汤和肉一块吃，这样才能真正摄取到营养。

▶孕9月孕妈妈指标一览表

体形	腹部更大了，肚脐变得又大又突出。
子宫	继续增大，子宫底的高度为 30~32 厘米，已经升到心窝。
腹围	月末孕妈妈的标准腹围是 92 厘米，上下限分别是 98 厘米和 86 厘米。
体重	比孕前增加了 11~13 千克。
饮食	胃口欠佳，但随着胎宝宝头部降入骨盆，孕妈妈的食量有所增加。
情绪	时常会有一些紧张不安的情绪。

第**33**周

开胃
三餐推荐

孕晚期，不少孕妈妈的胃口会变得较差，每次吃饭的量变少了，胃时常会感到不舒服，还会影响睡眠。孕妈妈可以少吃多餐，努力克服各种身体不适，保证自身和胎宝宝的营养需求。

早 餐

鸡蛋家常饼
（牛奶）

鸡蛋中富含的卵磷脂，有助于胎宝宝神经系统的发育完善。

原料：鸡蛋 2 个，面粉 50 克，高汤、葱花、盐、植物油各适量。

做法：❶鸡蛋打散，倒入面粉，加适量高汤、葱花以及盐调匀。**❷**平底锅中倒油烧热，慢慢倒入面糊，摊成饼，小火慢煎；待一面煎熟，翻过来再煎另一面至熟。

（这样吃更健康）胆固醇高的孕妈妈每天至多吃 1 个鸡蛋就够了。

（食材可替换）鸡蛋打发好，加入面粉和橄榄油，入烤箱做成蛋糕，口感松软，香甜美味。

午 餐

油烹茄条
（米饭、甜椒炒牛肉）

茄子中钙、磷、铁含量丰富，有利于胎宝宝发育成熟。

原料：茄子 1 个，胡萝卜 1/2 根，鸡蛋 1 个，水淀粉、盐、醋、葱丝、蒜片、植物油各适量。

做法：❶茄子去蒂，洗净去皮，切条，放入鸡蛋和水淀粉挂糊抓匀；胡萝卜洗净，切丝；碗内放盐、醋兑成汁。**❷**油锅烧热，把茄条炸至金黄色。**❸**锅内留底油，烧热后放葱丝、蒜片、胡萝卜丝，再放茄条，迅速倒入兑好的汁，翻炒几下装盘。

（这样吃更健康）切开的茄子宜快速入锅烹调，以免被氧化。

（食材可替换）茄子与豆角一同烧炖，出锅前加点蒜末，清香软烂，还很开胃。

日间加餐

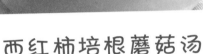

晚餐

晚间加餐

花生红薯汤
（牛奶）

红薯与牛奶搭配食用，可起到良好的补钙功效。

原料：红薯 100 克，花生 50 克。

做法：❶ 花生洗净，浸泡；红薯洗净，去皮，切块。❷ 锅中放入花生、红薯，加适量水，烧开后改小火，煮至变软。

（这样吃更健康）带有黑斑的红薯和发芽的红薯不可以食用。

西红柿培根蘑菇汤
（米饭）

此菜含有丰富的蛋白质、锌、钙等营养成分，营养又开胃。

原料：西红柿 1 个，培根 50 克，鲜蘑菇、面粉、牛奶、紫菜、盐各适量。

做法：❶ 培根切碎；西红柿去皮后搅打成泥，与培根拌成西红柿培根酱；鲜蘑菇洗净切片；紫菜切成细丝。❷ 锅中加面粉煸炒，放入鲜蘑菇、牛奶和西红柿培根酱，加水调成适当的稀稠度，加盐调味，撒上紫菜丝。

（这样吃更健康）培根用量不宜过多。

橘瓣银耳羹
（全麦面包）

橘瓣银耳羹营养丰富，而且具有滋养肺胃、生津润燥、理气开胃的功效，孕妈妈可常吃。

原料：银耳 15 克，橘子 1 个，冰糖适量。

做法：❶ 将银耳泡发后去掉黄根等杂质，洗净备用。❷ 橘子去皮，瓣成瓣，备用。❸ 将银耳放入锅中，加适量水，大火烧沸后转小火，煮至银耳软烂。❹ 将橘瓣和冰糖放入锅中，再用小火煮 5 分钟即可。

（这样吃更健康）吃完橘子应及时刷牙漱口，以免腐蚀牙齿。

（食材可替换）红薯与大米一同放入电饭煲内做焖饭，绵软香甜，营养搭配均衡。

（食材可替换）蘑菇裹一层面糊，入油锅中炸熟，就成了酥脆、鲜香的干炸蘑菇。

（食材可替换）银耳泡发好后，用蒜末、糖、醋、盐、香油凉拌食用，就是另一道美味菜肴。

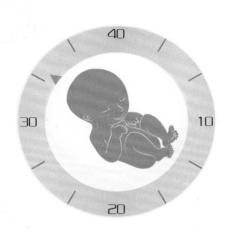

第34周

♥ 宝宝变化：胎头入盆

胎宝宝活动变得困难，甚至不能浮在羊水里。免疫系统也在发育，为抵抗轻微的出生感染做准备。现在胎宝宝基本上都是头朝下的姿势，如果胎位不正，现在就应该纠正了。

▶饮食指导：补锌，帮助胎宝宝顺利出生

锌不仅可以促进胎宝宝的智力发育，而且可以在分娩时促进子宫收缩，使子宫产生强大的收缩力，将胎宝宝推出子宫。孕妈妈最好在本月就开始适当摄入含锌食物，到分娩时就能动用体内的锌储备了。

▶营养重点：锌、铜、膳食纤维

锌	推荐食物：瘦肉、猪肝、羊肉、蛋黄、海带、茄子
	孕妈妈每天摄入锌的量为11.5毫克，到了孕晚期可增加到16.5毫克，从日常的海产品、鱼类、肉类中可以得到补充。
铜	推荐食物：鱼、牡蛎、牛肝、豌豆、腰果、核桃
	随着胎宝宝的发育，所需含铜量也急剧增加，从孕7月到宝宝出生，铜需求量约增加4倍。因此，孕晚期是胎宝宝吸收铜最多的时期，这个时期若不注意补充铜，就容易造成母子双双缺铜。
膳食纤维	推荐食物：红薯、菠菜、玉米、胡萝卜
	为了缓解便秘的困扰，孕妈妈应该继续补充足量的膳食纤维，以促进肠道蠕动。芹菜、胡萝卜、红薯、土豆、菜花等新鲜蔬菜，还有五谷杂粮中都含有丰富的膳食纤维，孕妈妈可以坚持适量食用。

营养师有话说

补锌的最佳途径是食补，孕妈妈平时应适当地多吃富含锌的食物.动物性食品中含锌最高，如瘦肉、猪肝、蛋黄、鱼肉等；海产品中尤其是牡蛎的含锌量也很高；植物性食品中花生、芝麻、黄豆、核桃等也是人体摄取锌的可靠来源。

♥ 妈妈变化：仍需补充水分

由于胎宝宝的头降入骨盆，孕妈妈会感到腹部、膀胱有明显的压迫感，下肢水肿也会变得更加严重，这都是正常的现象，这种状况到分娩后会消失。孕妈妈此时仍需要补充水分，因为母体和胎宝宝都需要大量的水分。

▶宜低盐饮食

孕晚期孕妈妈一般都会出现腿部肿胀的现象，有的肿胀部位不只局限于小腿部，大腿也会肿胀，甚至还引起身体其他部位的肿胀。这是准妈妈在怀孕后期出现的正常现象。这时，孕妈妈的饮食不宜太咸，多吃清淡食物，保持低盐饮食。孕妈妈此时不宜走太多路，或站立太久。因行走和站立时间长了，会增加身体肿胀程度。

▶宜适量吃牛蒡

牛蒡是所有根茎类食物中膳食纤维含量最多的，它的水溶性纤维素和不溶性纤维素各占一半，可以使乳酸菌更活跃，有助于改善便秘。另外，牛蒡含有丰富的蛋白质、维生素和钙等矿物质，孕妈妈适量吃牛蒡，可以促进大肠蠕动，帮助排便，防止毒素和废弃物在体内堆积。

▶宜在晚饭后吃香蕉

在孕晚期，孕妈妈没有之前那么轻松了，身体会感觉疼痛，心情也会变得急躁，容易失眠。香蕉对情绪紧张和失眠有一定的安抚效果。孕妈妈在晚饭后吃一点香蕉，有助于孕妈妈稳定情绪和促进睡眠。

▶宜适量吃荞麦

荞麦中含有被称为人体第一必需氨基酸的赖氨酸成分，以及锌、铁、锰等矿物质，其膳食纤维的含量比一般的谷物丰富，还含有丰富的维生素E、烟酸，能够保护孕妈妈的视力和预防脑血管出血，孕妈妈可以常吃。

荞麦是很好的孕期粗粮，但粗粮不易消化，一次不宜吃多。

第**34**周

补锌
三餐推荐

补锌和铜是孕妈妈现在三餐饮食的重点，除此之外，9个月的胎宝宝由于体积的增大容易造成孕妈妈肠胃蠕动减慢，引起便秘。因此孕妈妈可适当吃一些富含膳食纤维的食物，如红薯、菠菜、玉米、胡萝卜、糙米等。

早 餐

玉米胡萝卜粥
（素包子）

这碗早餐粥含有丰富的胡萝卜素，具有明目、调节新陈代谢的作用，还能促进胎宝宝的视力发育。

原料：大米、鲜玉米粒、胡萝卜各50克。

做法：❶胡萝卜洗净，切丁。❷大米洗净后浸泡30分钟。❸将大米、胡萝卜块、鲜玉米粒一同放入锅内，加清水煮至大米熟透即可。

这样吃更健康 胃肠功能不佳的孕妈妈慎食。

食材可替换 熟玉米粒中加淀粉拌匀，再打1个鸡蛋，倒入平底锅中煎制，就是可口的黄金玉米烙。

午 餐

清汤羊肉
（米饭、清蒸鲈鱼）

羊肉中铁、锌、硒含量颇为丰富，具有滋补强体的作用。

原料：羊肉200克，白萝卜50克，山药、枸杞子、盐各适量。

做法：❶羊肉洗净，切块，焯烫后用水洗净；白萝卜洗净，切块。❷锅中加水，放入羊肉块，煮沸后加入白萝卜、山药、枸杞子，小火煮至酥烂，用盐调味即可。

这样吃更健康 孕期不宜食用过多羊肉，尤其是阴虚体质的孕妈妈。

食材可替换 羊肉还可以与冬瓜一起做馅，包入饺子皮中做成锅贴。

日间加餐	晚餐	晚间加餐

小米面茶
（香蕉）

此面茶中的卵磷脂，可为胎宝宝神经发育提供营养素。

原料： 小米面 100 克，芝麻 40 克，麻酱、盐、姜粉各适量。

做法： ❶芝麻用水冲洗干净，沥干水分，入锅炒熟，擀碎，加盐拌一下。❷锅内加清水、姜粉，烧开后将小米面和成稀糊倒入锅内，略加搅拌，开锅后盛入碗内。❸将麻酱调匀，用小勺淋入碗内，再撒入芝麻、盐。

这样吃更健康 孕妈妈晚上不宜吃太多。

荞麦凉面
（菠菜炒鸡蛋）

荞麦含维生素 B_2 丰富，而且蛋白质含量高于一般粮食类食物，还有助于孕妈妈控制体重。

原料： 荞麦面 100 克，海带丝、醋、盐、白糖、熟芝麻各适量。

做法： ❶荞麦面煮熟，捞出，用凉开水冲凉，加醋、盐、白糖搅拌均匀。❷荞麦面上再撒上海带丝、熟芝麻。

这样吃更健康 体质敏感的孕妈妈不宜吃荞麦。

什锦甜粥
（千层饼）

什锦甜粥中锌、铜含量丰富，为孕妈妈和胎宝宝的营养加分。

原料： 大米 30 克，绿豆、红豆、黑豆各 30 克，核桃仁、葡萄干各适量。

做法： ❶大米淘洗干净；绿豆、红豆、黑豆洗净，浸泡 1 天。❷先将各种豆煮至六成熟，将大米放入，小火熬粥。❸将核桃仁、葡萄干放入粥中稍煮。

这样吃更健康 孕妈妈食用绿豆不宜过量。

食材可替换 用玉米面代替小米面，颜色澄亮，营养又清香。

食材可替换 大豆面与面粉混合，做面条吃，爽滑味香，别具风味。

食材可替换 大米与鱼片一同煮粥，味美香滑，营养丰富，很适合孕妈妈做早餐或晚餐。

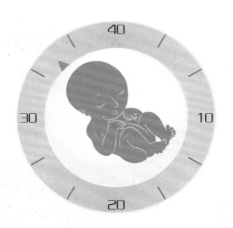

第35周

♥ 宝宝变化：生存能力增强

现在的胎宝宝从头发到脚趾甲的发育基本完成，肺部发育基本完成，肾脏、肝脏已经工作了一段时间，但中枢神经系统和免疫系统尚未完全发育成熟。

▶ 饮食指导：补维生素 B_1

孕晚期需要充足的水溶性维生素，尤其是维生素 B_1。维生素 B_1 是人体内物质与能量代谢的关键物质，具有调节神经系统生理活动的作用，可以维持食欲和胃肠道的正常蠕动以及促进消化。孕妈妈缺乏维生素 B_1，会出现食欲不佳、呕吐等症状，严重时会影响分娩时子宫的收缩导致难产，并可导致胎宝宝出生体重低，患先天性脚气病等。

▶ 营养重点：维生素 B_1、锌、蛋白质

维生素 B_1	推荐食物：鸡蛋、谷物、豆类、坚果、绿叶蔬菜
	维生素 B_1 的需求量与机体热能总摄入量成正比，孕期热量每日需求增加 2090 焦（约 500 千卡），因此维生素 B_1 的供给量也增加为 1.5 毫克 / 天。
锌	推荐食物：虾、海带、牛肉、紫米、腰果、松子
	除了海产品、红色肉类，猪、牛、鸡、鸭等的内脏外，坚果类、谷类中也含有丰富的锌，水果中苹果的含锌量较高，豆腐皮、芝麻酱等也含有一定量的锌。中药中的枸杞子、桑葚等含锌量也较高。
蛋白质	推荐食物：牛肉、鸡蛋、虾、豆腐
	肉类食物是优质蛋白质的最佳来源。如果孕妈妈不喜欢吃肉类食物，可以从鸡蛋和乳制品中摄入足够的蛋白质。如果孕妈妈不吃所有与动物相关的食物，就很难保证充足的营养和膳食平衡。所以为了胎宝宝的健康，素食的孕妈妈应该适量吃一些肉类，至少要吃一些蛋类和乳制品。

♥ 妈妈变化：腹坠腰酸

由于胎宝宝体重的增加和头部降入了骨盆，孕妈妈此时会感到腹坠腰酸，骨盆后部附近的肌肉和韧带会有牵拉式的疼痛，行动也更为艰难。

▶宜少食多餐

在孕晚期，孕妈妈最好坚持少食多餐的饮食原则。由于肠道受到挤压，从而引起孕妈妈腹泻或便秘，导致营养吸收不良。所以孕妈妈可以每次少吃一些，转而增加进餐的次数，而且应该吃一些口味清淡、容易消化的食物。

▶宜适当吃银耳

除了丰富的碳水化合物，银耳的其他营养成分也相当丰富，含有17种氨基酸和钙、铁、磷、钾、镁等多种矿物质，其中钙、铁的含量很高，常吃能补充能量，满足孕妈妈的营养需求，预防贫血。

▶宜常喝紫米粥

紫米含有孕妈妈需要的多种氨基酸，还含有丰富的铁、钙、锌等矿物质和多种维生素。紫米是天然的黑色食物，与芝麻搭配，能起到健脑的作用，孕妈妈可以常喝紫米粥。

▶宜常吃黄瓜

黄瓜具有除热、利尿、解毒等功效，鲜黄瓜里的丙醇二酸还可以抑制糖类物质转化为脂肪，黄瓜里的膳食纤维对促进食物的排泄和降低胆固醇有一定的作用。常吃黄瓜有很多好处，患有妊娠高血压综合征及高脂血症的孕妈妈，更应该常吃黄瓜。

▶不宜多吃板栗

板栗富含蛋白质、脂肪、碳水化合物、钙、磷、铁、锌以及多种维生素，有健脾养胃、补肾强筋的作用。孕妈妈适量吃些板栗不仅可以强健身体，而且助于骨盆的发育成熟，还有消除疲劳的作用。但是不宜一次吃太多，否则容易造成孕妈妈体内积热过多，造成便秘。

第 35 周 157

营养
三餐推荐

胎宝宝逐渐下降进入盆腔后，孕妈妈的胃会稍微舒服一些，食量会有所增加，此时，孕妈妈要保证优质蛋白质、维生素 B_1 的摄入，且易于被人体消化吸收，不妨多吃一些。

红枣花生紫米粥
（煮鸡蛋）

紫米含有人体所需的微量元素，对胎宝宝的发育大有裨益。

原料： 紫米 50 克，糯米 30 克，红枣 2 颗，花生仁 6 粒，白糖适量。

做法： ❶将紫米、糯米分别淘洗干净；红枣洗净，去核。❷在锅内放入水、紫米和糯米，置于火上，先用大火煮开后，再改用小火煮到粥将成时，加入红枣、花生仁煮，最后以白糖调味。

（这样吃更健康）紫米一定要熬煮熟软烂，营养成分才更容易吸收。

（食材可替换）紫米还可与红薯同煮，有降低早产风险的作用。

香豉牛肉片
（米饭、白菜豆腐汤）

香豉牛肉片对于孕妈妈补铁、修复组织等特别适宜。

原料： 牛肉 200 克，芹菜 100 克，鸡蛋清、姜末、盐、豆豉、淀粉、高汤、植物油各适量。

做法： ❶牛肉洗净，切片，加盐、鸡蛋清、淀粉拌匀；芹菜择洗干净，切段。❷油锅烧热，下牛肉片滑散至熟，捞出。❸锅中留底油，放入豆豉、姜末略煸，倒入芹菜翻炒，放入高汤和牛肉片炒至熟透。

（这样吃更健康）吃芹菜时宜细嚼慢咽。

（食材可替换）芹菜还可以与腰果同炒做菜。芹菜清脆爽口，腰果香脆，口感非常好。

三丁豆腐羹

（鸡蛋家常饼）

此汤羹含丰富的蛋白质、钙、锌和维生素 C，很适合孕妈妈吃。

原料：豆腐 1 块，鸡胸肉 50 克，西红柿 1/2 个，豌豆 1 把，盐、香油各适量。

做法：❶豆腐切成块，在开水中煮 1 分钟。❷鸡胸肉洗净，切丁；西红柿洗净，去皮，切小丁。❸将豆腐块、鸡胸肉丁、西红柿丁、豌豆放入锅中，大火煮沸后，转小火煮 20 分钟。❹出锅时加入盐，淋上香油即可。

这样吃更健康 豌豆不宜多吃，以防腹部容易胀气。

白萝卜海带汤

（米饭、西红柿鸡片）

海带是一种碱性食品，孕妈妈经常食用有利钙的吸收，并且还能减少脂肪在体内的积存。

原料：鲜海带 50 克，白萝卜 100 克，盐适量。

做法：❶鲜海带洗净切丝，白萝卜洗净切丝。❷将海带丝、白萝卜丝放入锅中，加适量清水，煮至海带熟透。❸出锅时加入盐调味即可。

这样吃更健康 如果是干海带，要提前泡发，并反复换水冲洗。

白菜豆腐粥

此粥可为孕妈妈和胎宝宝补充碳水化合物、蛋白质和钙。

原料：大米 100 克，白菜叶 50 克，豆腐 60 克，葱丝、盐、植物油各适量。

做法：❶大米淘洗干净，倒入盛有适量水的锅中熬煮。❷白菜叶洗净，切丝；豆腐洗净，切块。❸油锅烧热，炒香葱丝，放入白菜叶、豆腐同炒片刻。❹将白菜叶、豆腐倒入粥锅中，加适量盐继续熬煮至粥熟。

这样吃更健康 熬大米粥时不宜加碱以免破坏其营养成分。

食材可替换 豆腐除了做汤羹外，还可以做香葱拌豆腐，开胃助消化。

食材可替换 冬天的萝卜"赛人参"，把萝卜丝放入鸡汤中炖熟，吃萝卜喝汤，味道非常鲜美。

食材可替换 胡萝卜、大米、青菜、肉丸一同熬粥，是老少皆宜的粥羹。

第36周

♥ 宝宝变化：肺部发育成熟了

胎宝宝现在的体重达到 2800 克左右，而且还在继续增加。肺部已经完全发育成熟，可以依靠自身的力量呼吸了。骨骼已经很硬了，但头骨还保留着很好的"变形"能力，为顺利分娩做准备。

▶饮食指导：补维生素 K，预防产后出血

维生素 K 是影响骨骼和肾脏组织形成的必要物质，还参与一些凝血因子的合成。孕晚期适当补充维生素 K，有促进血液正常凝固、防止新生儿出血等的作用，因此，维生素 K 有着"止血功臣"的美称。

▶营养重点：维生素 K、维生素 B_1、铁

维生素 K	推荐食物：菠菜、蛋黄、莴苣、西蓝花 如果维生素 K 吸收不足，血液中凝血酶原减少，易引起凝血障碍，发生出血症。孕妈妈体内凝血酶降低，胎宝宝也容易发生出血问题。因此，孕妈妈应注意摄取富含维生素 K 的食物，以预防产后宝宝因维生素 K 缺乏而引起的颅内、消化道出血。
维生素 B_1	推荐食物：谷物、紫菜、粗粮、豆类 维生素 B_1 在谷类的表皮部分含量更高，故谷类加工时不宜过细。猪、牛、鸡、鸭等的内脏、蛋类和绿叶蔬菜中维生素 B_1 的含量也较丰富。只要平时选择标准米面，定期吃些糙米饭等就可以补充维生素 B_1。
铁	推荐食物：牛肉、瘦肉、芹菜、茄子、木耳 孕晚期孕妈妈对铁的需求量增加，所以孕妈妈要注意日常饮食中铁的摄入量，孕妈妈对铁的需求量为每天 20~30 毫克，应该注重从饮食中获取足量的铁。

营养师有话说

孕妈妈在预产期前一个月左右，就要特别注意对维生素 K 的摄入，多吃富含维生素 K 的食物，如菜花、西蓝花、菠菜、莴笋、甘蓝菜、牛肝、乳酪、猕猴桃和谷类食物。必要时，孕妈妈可以在医生的指导下每天口服维生素 K，以预防产后出血和增加母乳中维生素 K 的含量。

♥ 妈妈变化：临近分娩期

　　孕妈妈的体重此时已经达到最高峰，肚子已经相当沉重了，所以更要注意自身安全。从现在开始，孕妈妈应该每周做一次产前检查。此外，日益临近的分娩会使你紧张，此时要多和准爸爸聊聊天，缓解自己内心的压力。

▶ 宜坚持少食多餐

　　进入孕晚期，孕妈妈最好坚持少吃多餐的饮食原则。因为此时肠道很容易受到压迫，从而引起便秘或腹泻。所以，一定要增加进餐的次数，每次少吃一些，而且应吃一些口味清淡、容易消化的食物。越是接近临产，就越要多吃些含铁质的蔬菜，如菠菜、紫菜、芹菜、海带、木耳等。要特别注意增加有补益作用的菜肴，这能为临产积聚能量。

▶ 宜适量吃无花果

　　无花果富含多种氨基酸、有机酸、镁、锰、铜、锌以及多种维生素，它不仅是营养价值很高的水果，也是一味良药。无花果具有清热解毒、止泻通乳的功效，尤其对痔疮便血、脾虚腹泻、咽喉疼痛、乳汁不足等疗效显著，因此孕妈妈宜适量吃无花果。

▶ 不宜在孕晚期大量饮水

　　整个孕期饮水都要适量。到了孕晚期，孕妈妈会特别口渴，这是很正常的孕晚期现象。孕妈妈要适度饮水，以口不渴为宜，不能过量喝水，否则会影响进食，增加肾脏的负担。

▶ 不宜吃药缓解焦虑

　　待产期焦虑是暂时的，它的好转就像它来时那么快。孕妈妈只需要取得家人的理解与呵护，和有同样经历的妈妈讨论一下分娩经验，多分散注意力就可以了。如果靠药物来减轻这些症状，分解的药物会随着胎盘进入到胎宝宝体内，胎宝宝吸收后身体会有不良的反应。

尾部开口较小，表面柔软的无花果口感、营养最好。

第36周

补血
三餐推荐

　　胎宝宝已经发育成熟，所以孕妈妈本周要避免食用高热量、高脂肪的食物，可适当多吃一些含维生素和膳食纤维的食物，改善孕妈妈的便秘状况，也有助于降低分娩风险，降低羊膜早破的概率，预防产后出血等。

香蕉大米粥
（煮鸡蛋）

香蕉大米粥可以有效地防止孕妈妈出现便秘状况。

原料：大米 50 克，香蕉 1 根。

做法：❶香蕉去皮切片；大米淘洗干净。❷大米加适量水大火煮沸，转小火再煮 15 分钟。❸放入香蕉片，煮 5~10 分钟即可。

（这样吃更健康）香蕉不宜煮太久，最好不要超过 10 分钟。

（食材可替换）　在煮好的粥里调入少量蜂蜜，味道会更好。

菠菜鸡煲
（米饭、芝麻圆白菜）

菠菜鸡煲富含蛋白质、膳食纤维，且脂肪含量低，适合孕晚期食用。

原料：鸡肉 200 克，菠菜 100 克，鲜香菇 3 朵，冬笋、料酒、盐、植物油各适量。

做法：❶鸡肉洗净，剁成小块；菠菜择洗干净，焯烫；鲜香菇洗净，切块；冬笋洗净，切片。❷油锅烧热，下鸡块、香菇翻炒，放料酒、盐、冬笋，炒至鸡肉熟烂。❸菠菜放在砂锅中铺底，将炒熟的鸡块倒入。

（这样吃更健康）鸡肉去皮更适合孕妈妈食用。

（食材可替换）　豆腐煎至两面微黄，与鸡肉、甜椒一同炒熟，颜色鲜艳，诱人食欲大增。

日间加餐

牛肉鸡蛋粥

此粥可为孕妈妈和胎宝宝补充蛋白质、铁等营养。

原料： 牛里脊肉 20 克，鸡蛋 1 个，大米 150 克，葱花、料酒、盐各适量。

做法： ❶牛里脊肉洗净，切丁，用料酒、盐腌制 20 分钟；鸡蛋打散；大米洗净，浸泡 30 分钟。❷将大米放入锅中，加清水，大火煮沸成粥，放入牛里脊肉，同煮至熟，淋入蛋液稍煮，撒上葱花搅匀即可。

（这样吃更健康）孕妈妈要记下每日蛋类的摄入量，若超量则不加鸡蛋。

晚餐

洋葱炒牛肉

（米饭、棒骨海带汤）

牛肉中富含铁和蛋白质，可满足胎宝宝的营养需求。

原料： 牛腩 150 克，洋葱 25 克，鸡蛋（取蛋清）1 个，酱油、盐、白糖、水淀粉植物油各适量。

做法： ❶牛腩洗净，切丝；洋葱去皮，洗净，切丝。❷牛肉片中加入蛋清、盐、白糖、水淀粉搅拌均匀。❸油锅烧热，放入牛肉丝、洋葱煸炒，调入酱油，加盐调味。

（这样吃更健康）孕晚期孕妈妈适当吃些牛肉，可增强体力。

晚间加餐

黑豆红糖饮

此饮可以改善孕妈妈的面部和四肢水肿现象，还可以排除体内毒素。

原料： 黑豆、蒜瓣、红糖各 50 克。

做法： ❶将黑豆洗净，泡 12 个小时；蒜瓣清洗干净。❷黑豆与蒜瓣、红糖同放锅中，加适量水，用小火煮至黑豆熟透时即可。

（这样吃更健康）黑豆炒熟后，热性大，多食易上火。孕妈妈注意不能过量食用，以免出现胀气现象。

食材可替换 牛肉加调料做馅，与糯米包成糯米牛肉粽，吃起来有淡淡的叶香。

食材可替换 牛肉馅、香菇、洋葱一同做成丸子，入锅炸熟，当菜吃或做汤都很美味。

食材可替换 黑豆还可以做成豆浆，也可与猪肉、鸡肉、鱼等炖食，还可用来与其他谷物类混合煮粥。

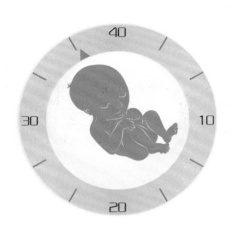

第 37 周

♥ 宝宝变化：是个足月儿

到了本周，胎宝宝的体重大概有 3000 克，已经是足月儿了，即使现在出生也可以存活。胎宝宝的免疫系统还在继续发育，出生后的母乳喂养可以继续给他提供免疫力。

▶ 饮食指导：补充维生素 B_2

除了作为造血原料之一，促进胎宝宝红细胞发育外，维生素 B_{12} 还对神经系统的健康发育有很重要的作用。在孕晚期，胎宝宝的神经开始发育出起保护作用的髓鞘，这个过程将持续到出生以后。而髓鞘的发育依赖于维生素 B_{12}，所以，孕妈妈要多吃维生素 B_{12} 含量丰富的食物。另外，到了第 10 个月，孕妈妈应该吃一些制作精细、易于消化、营养丰富的菜肴，为临产积聚能量，还要注意便秘和水肿。

▶ 营养重点：维生素 B_{12}、膳食纤维、维生素 B_1

维生素 B_{12}	推荐食物：鸡蛋、牛肉、牛奶、鱼、猪肝
	建议孕妈妈每天摄入 2.6 毫克，维生素 B_{12} 只存在于动物性食品中，如牛肉、猪肝、鱼、牛奶、鸡蛋、奶酪等。日常膳食中每日保证 2 份肉类菜肴外加 1 杯牛奶和 1 个鸡蛋，即可满足所需。
膳食纤维	推荐食物：红薯、冬瓜、海带、口蘑、苋菜、菠菜
	由于胃酸减少，胃肠蠕动缓慢，很多孕妈妈都会被便秘困扰。膳食纤维有促进肠蠕动、缩短食物在消化道通过的时间等作用，是改善便秘的得力助手。
维生素 B_1	推荐食物：鸡蛋、谷物、土豆、猪肝、瘦肉
	到了临产前，如果维生素 B_1 摄入量不足，孕妈妈可能会出现的呕吐、倦怠、疲乏，还可能影响分娩时子宫收缩，使产程延长，分娩困难。所以，孕妈妈即使到了怀孕的最后阶段，也不能忽视补充维生素 B_1。

♥ 妈妈变化：时常出现无规律的宫缩

凸出的大肚子逐渐下坠，孕妈妈下腹部的压力越来越大。孕妈妈的体重已经增加了 11.5~15 千克，羊水体积有所减少，宫缩频率继续增加。因胎宝宝增大，羊水相对变少，孕妈妈腹壁紧绷而发硬，会时常出现无规律的宫缩。

▶ 宜适当吃藕

藕中含有丰富的维生素、蛋白质、铁、钙、磷等营养素，食用价值很高。比如藕与排骨搭配煮汤，味道香浓，还可以为孕妈妈补充丰富的营养素。而且藕中含有丰富的膳食纤维，可以缓解孕晚期孕妈妈的便秘症状。

▶ 不宜过量吃海带

海带含有丰富的蛋白质、矿物质，特别是碘的含量很高，是孕妈妈补碘的理想食物。但是孕妈妈如果过量食用海带，海带中的碘吸收进血液后，可以通过胎盘进入胎宝宝体内。过多的碘可以引起甲状腺发育障碍，胎宝宝出生后可能会甲状腺功能低下。所以，海带虽好，但孕妈妈不宜多吃。

▶ 不宜吃辛辣的食物

孕晚期，孕妈妈的饮食应以清淡为主，不宜吃辛辣食物。大多数的辛辣食物容易伤津耗气损血，加重气血虚弱，不利于分娩的顺利进行。此外，吃辛辣食物容易导致便秘，对孕妈妈身体不利。

▶ 孕 10 月孕妈妈指标一览表

体形	凸出的大肚子逐渐下坠，腹部紧绷而发硬。
子宫	子宫颈和阴道趋于软化，容易伸缩，分泌物增加。
腹围	月末标准腹围 94 厘米，上下限分别是 100 厘米和 89 厘米。
乳房	乳腺明显扩张，有更多的乳汁从乳头溢出，为哺乳做好了准备。
体重	健康的增重一般在 12~15 千克之间。
情绪	期待胎宝宝的出生，同时会感到紧张、焦虑。

第37周

顺产
三餐推荐

到了孕期的最后一个月，胎宝宝已经基本发育完全，而孕妈妈的身体也承受着巨大的压力。在食物的选择上，孕妈妈可以选择体积小、营养价值高的食物以减轻对胃部的压迫，尽量采用少食多餐的方式，以控制体重增加过快，减少分娩的困难。

苋菜粥
（鸡蛋饼）

苋菜粥营养易吸收，适合孕妈妈食用。

原料：苋菜3棵，大米50克，香油、盐各适量。

做法：❶苋菜洗净后切碎；大米淘洗干净。❷锅内加适量水，放入大米，煮至粥将成时，加入香油、苋菜段、盐，煮熟即成。

（这样吃更健康）过敏体质的孕妈妈应慎食苋菜。

（食材可替换）大米熬煮快熟时，加黄瓜丁、少许盐拌匀，再煮1分钟左右，就成了翠绿的黄瓜粥。

口蘑肉片
（米饭、菠菜鱼片汤）

此菜营养丰富，味道鲜美，且口蘑中富含硒和膳食纤维，在帮助孕妈妈补充营养素的同时还可预防便秘。

原料：瘦肉100克，口蘑50克，葱末、盐、香油、植物油各适量。

做法：❶瘦肉洗净后切片，加盐拌匀；口蘑洗净，切片。❷油锅烧热，爆香葱末，放入瘦肉片翻炒，再放入口蘑炒匀，加盐调味，最后滴几滴香油即可。

（这样吃更健康）最好吃鲜蘑菇，与肉菜同食时，制作菜肴不用放鸡精。

（食材可替换）口蘑切丝，与毛豆同炒，是一道清新爽口的夏日家常菜。

日间加餐

红薯饼

（苹果）

红薯饼中含有丰富的膳食纤维，可预防便秘。

原料： 红薯 1 个，糯米粉 50 克，豆沙馅、蜜枣、葡萄干、植物油各适量。

做法： ❶红薯洗净、煮熟，去皮捣碎后加入糯米粉和匀成红薯面。❷葡萄干用水泡后沥干水，加入蜜枣、豆沙馅拌匀。❸将红薯面揉成丸子状，包馅，压平，用小碗压成圆形。❹油锅烧热，放入包好的饼煎至两面金黄熟透即可。

这样吃更健康 腹泻的孕妈妈不宜多吃红薯。

食材可替换 糯米粉与红薯泥和匀，加红枣制成年糕。红薯和红枣的甜味混合在一起，更甜香。

晚 餐

海参豆腐煲

（馒头、清炒茼蒿）

这道海参豆腐煲富含蛋白质、钙和维生素，能帮助孕妈妈补充丰富的营养素。

原料： 海参 2 只，肉末 80 克，豆腐 1 块，胡萝卜片、黄瓜片、葱段、酱油、姜片、盐、料酒各适量。

做法： ❶海参处理干净，以沸水加料酒和姜片焯烫，切寸段；肉末加盐、酱油、料酒做成丸子；豆腐切块。❷海参放进锅内，加适量清水，放葱段、姜片、盐、料酒煮沸，加入丸子和豆腐，与海参一起煮至入味，最后加胡萝卜片、黄瓜片稍煮。

这样吃更健康 肉末不宜太肥，以免使汤过于油腻。

食材可替换 海参、甜椒均切丝，入热油锅一同炒食，这样做出的海参更入味。

晚间加餐

苹果蜜柚橘子汁

柚子可润肠通便；橘子开胃消食，有美白护肤的功效。

原料： 柚子、苹果各 1/2 个，橘子 1 个，柠檬 1 片，蜂蜜适量。

做法： ❶柚子去皮去子，撕去白膜，取果肉；苹果洗净去皮及核，切块；橘子去皮去子取果肉；柠檬挤汁。❷将上述材料全部放入榨汁机中，加入蜂蜜、温开水，搅打均匀，调入柠檬汁即可饮用。

这样吃更健康 每周饮用两三次最佳。

食材可替换 孕妈妈可以将自己喜欢吃的水果榨成汁，记得要添加适量温开水后再饮用。

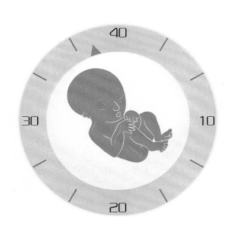

第38周

♥ 宝宝变化：胎脂脱落

胎宝宝身体的各个部分还在继续完善中，之前覆盖在身上的那层胎脂和身上纤细的绒毛逐渐脱落，胎宝宝的皮肤变得很光滑。胎宝宝的肠道内有墨绿色的胎便，会在出生后排出。

▶饮食指导：为临产积聚能量，少吃多餐不要忘

越接近预产期，孕妈妈保证足够的营养至关重要。这个阶段应该吃一些制作精细、易于消化、营养丰富、有补益作用的菜肴，为临产积聚能量。值得注意的是，孕妈妈还应继续坚持少吃多餐的饮食原则。越是接近预产期，就越应该多吃些含铁质的蔬菜，如如菠菜、紫菜、芹菜、海带、木耳等，以及新鲜的水果，这样可以补充各种丰富的微量元素和对身体有益的物质。

▶营养重点：铁、维生素C

铁	推荐食物：菠菜、紫菜、海带、木耳、牛肉、瘦肉 本月除了胎宝宝自身需要储存一定量的铁之外，还要考虑到孕妈妈在生产过程中会失血。生产会造成孕妈妈血液流失，顺产的出血量为350~500毫升，剖宫产失血最高会达750~1000毫升。孕妈妈如果缺铁，很容易造成产后贫血。因此孕晚期补铁是不容忽视的，推荐补充量为每日20~30毫克。
维生素C	推荐食物：猕猴桃、橙子、西红柿、菠菜、芹菜、胡萝卜 补充维生素C有助于增强孕妈妈的身体抵抗力，使孕妈妈和胎宝宝的皮肤更好，还能促进铁的吸收，孕妈妈可以常吃富含维生素C的蔬菜和水果。

营养师有话说

为促进铁的吸收，需要增加维生素 B_2 和维生素C的摄入，多吃猪腰、鸡肝、鸡蛋、奶酪等富含维生素 B_2 的食物，以及苹果、橙子、猕猴桃、樱桃等富含维生素C的水果。如果仍缺乏，要在医生指导下服用补血铁剂。

♥ 妈妈变化: 有点紧张和焦虑

孕妈妈此时一般都会有点紧张和焦虑, 既希望宝宝早点出生, 又对分娩有些恐惧。孕妈妈应当适当运动, 充分休息, 并且密切关注自己的身体变化, 积极熟悉产程, 平缓情绪。

▶ 宜多吃稳定情绪的食物

此时孕妈妈的心情一定很复杂, 既有"即将与宝宝见面"的喜悦, 也有面对分娩的紧张不安。对孕妈妈来说, 最重要的是生活要有规律, 情绪要稳定。因此, 孕妈妈要多摄取一些能够帮助自己缓解恐惧感和紧张情绪的食物。

富含叶酸、维生素 B_2、维生素 K 的圆白菜、胡萝卜等均是稳定情绪的有益食物。此时孕妈妈也可以摄入一些谷类食物, 这些食物中的维生素可以促进孕妈妈产后乳汁的分泌, 有助于提高宝宝对外界的适应能力。

▶ 宜适量吃黑米

黑米具有健脾润肺、养肝明目的功效, 可以缓解便秘、食欲缺乏、脾胃虚弱等症。黑米以"糙米"的形式食用, 能更多地保存营养素。孕妈妈在孕晚期或产后适当喝黑米粥, 对身体很有益处。

▶ 宜产前喝蜂蜜水

孕妈妈宜在产前喝蜂蜜水或吃巧克力补充能量和体力, 帮助生产。孕妈妈可以将蜂蜜以温水调匀饮用, 蜂蜜的量可依照孕妈妈的喜好不同而有所增减, 但是一定不要使用冷开水, 以免引起胀气或腹泻。

▶ 宜适量吃木瓜

木瓜具有健胃消食的功效。木瓜含有的一种酵素, 能促进蛋白质分解, 有利于身体对食物的消化和吸收, 还可以帮助分解肉食, 减轻肠胃负担。木瓜中的木瓜酶对催乳很有效果, 可以预防孕妈妈产后缺乳。

第38周

顺产
三餐推荐

　　现阶段孕妈妈可多摄取一些能够帮助缓解分娩带来的紧张和恐惧感的食物，要用好胃口摄取所需各种营养素。富含叶酸和维生素 B_2、维生素 K 的圆白菜、菠菜、胡萝卜、芦笋等均是有益的食物，同时还要注重补铁。

玉米鸡丝粥
（素包）

玉米鸡丝粥不仅营养丰富，还能帮助孕妈妈缓解紧张感。

原料：鸡肉 50 克，大米 50 克，新鲜玉米粒 50 克，芹菜、盐适量。

做法：❶大米、玉米粒洗净；芹菜洗净，切丁；鸡肉洗净，煮熟后捞出，撕成丝。❷大米、玉米粒、芹菜丁放入锅中，加适量清水，煮至快熟时加入鸡丝，煮熟后加盐调味即可。

　这样吃更健康　淘洗大米时，不宜用力反复搓洗，以免造成营养物质的流失。

　食材可
　替换　　熟鸡肉撕成丝，与黄瓜、甜椒等蔬菜凉拌食用，口感清爽。

鲶鱼炖茄子
（米饭、芝麻圆白菜）

鲶鱼中蛋白质含量较多，茄子含有丰富的膳食纤维和铁，这道菜具有补益身体的功效。

原料：鲶鱼 1 条，茄子 200 克，葱段、姜丝、白糖、黄酱、盐、植物油各适量。

做法：❶鲶鱼处理干净；茄子洗净，切条。❷油锅烧热，下葱段、姜丝炝锅，然后放黄酱、白糖翻炒。❸加适量水，放入茄子和鲶鱼，炖熟后，加盐调味即可。

　这样吃更健康　消化不良的孕妈妈适合多吃鲶鱼。

　食材可
　替换　　鲶鱼与豆腐同炖，鲶鱼肉滑嫩无刺，豆腐软嫩，吃起来味道特别鲜美。

日间加餐	晚餐	晚间加餐

菠菜鸡蛋饼

（豆浆）

此饼中碳水化合物含量丰富，可为胎宝宝补充能量。

原料： 面粉 100 克，鸡蛋 2 个，菠菜 3 棵，火腿 1 根，盐、香油、植物油各适量。

做法： ❶面粉倒入大碗中，加适量温水，再打入 2 个鸡蛋，搅拌均匀。❷菠菜择洗干净，焯水，切碎放入蛋面糊里；火腿切丁，倒入蛋面糊里。❸蛋面糊中加入适量盐、香油，混合均匀。❹平底锅加少量油，倒入蛋面糊煎到两面金黄。

这样吃更健康 火腿调味即可，不可过多食用。

食材可替换 用黄瓜、鸡蛋、面粉一同摊成薄饼，颜色清新，吃起来也很清淡。

牛肉卤面

（双鲜拌金针菇）

这道面食适合在产前补充体力时吃，兼有补血的效果。

原料： 挂面 100 克，牛肉 50 克，胡萝卜 1/2 根，红椒 1/4 个，竹笋 1 根，酱油、水淀粉、盐、香油、植物油各适量。

做法： ❶将牛肉、胡萝卜、红椒、竹笋洗净，切小丁。❷挂面煮熟，过水后盛入汤碗中。❸油锅烧热，放牛肉煸炒，再放胡萝卜、红椒、竹笋翻炒，加入酱油、盐、水淀粉，浇在面条上，最后再淋几滴香油即可。

这样吃更健康 以清淡为宜，调味品应尽量少用。

食材可替换 白开水煮熟挂面，加香菜、香葱、醋、香油、盐拌匀，喝汤吃面，清淡又好吃。

木瓜牛奶果汁

（豆腐馅饼）

此果汁中钙、维生素含量丰富，可提高孕妈妈的免疫力。

原料： 木瓜 1/2 个，橙子 1/2 个，香蕉 1 根，牛奶适量。

做法： ❶木瓜去子挖出果肉；香蕉剥皮；橙子削去外皮，去子备用。❷准备好的水果放进榨汁机内，加入牛奶、凉白开水，搅拌打匀即可。

这样吃更健康 除了作为加餐，这款果汁还适宜在孕妈妈食用了肉类之后饮用。

食材可替换 木瓜、红枣、冰糖同炖汤，可使孕妈妈脸色红润，皮肤更嫩滑。

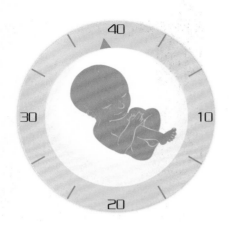

第39周

♥ 宝宝变化: 变得安静了

本周胎宝宝所有的器官都已经发育成熟,虽然肺部已经发育成熟,但真正的呼吸要在胎宝宝出生后才能建立。由于胎宝宝的头已经固定在骨盆中,所以胎宝宝变得安静了。

▶ 饮食指导: 为分娩储备能量

分娩是体力活,因此饮食中碳水化合物的食物少不了。虽然蛋白质也能提供人体热量,但是肉类中蛋白质所提供的热量远远不能达到分娩时的需求,只有碳水化合物才能提供最直接的热量。但为了避免胎宝宝过大,影响顺利分娩,碳水化合物的摄取不能过多,还有脂肪也是一样。

▶ 营养重点: 碳水化合物、维生素 K、锌

碳水化合物	推荐食物: 米饭、米粥、面条、土豆、胡萝卜、香蕉
	临产孕妈妈的饮食中必须富含碳水化合物,建议每天摄入量为 500 克左右,孕妈妈三餐以米面等为主食,再加 1 碗粥品,就能满足体内所需。此外,孕妈妈适当摄取谷类食物,其所含的维生素也可以促进孕妈妈产后的乳汁分泌,有助于提高新生宝宝对外界的适应能力。
维生素 K	推荐食物: 菠菜、生菜、圆白菜、黄瓜、西蓝花
	建议孕妈妈每天摄入 14 毫克维生素 K,每天至少吃 3 份蔬菜才能摄取足够的维生素 K。
锌	推荐食物: 海鱼、虾、牡蛎、海带、鸡蛋、牛肉
	胎宝宝对锌的需求在孕晚期最高。孕妈妈体内储存的锌,大部分在胎宝宝的成熟期被利用,因此孕妈妈在孕晚期要坚持补充锌。

♥ 妈妈变化：关注临产征兆

本周孕妈妈要格外关注 3 个重要现象：宫缩、见红和破水，这些都是临产的征兆。如果孕妈妈多次出现宫缩般的疼痛，或者出血，就应该立即到医院检查，做好待产的准备。

▶宜吃清淡的食物

对于即将分娩的孕妈妈来说，要选用对分娩有利的食物和烹饪方法。产前孕妈妈的饮食要保证温、热、淡，对于养护胎气和分娩时的促产都有调养的效果。所以，孕妈妈现在的饮食坚持清淡为主，对分娩很有好处。

▶宜适当多喝一点牛奶

牛奶中含有两种催眠物质：一种是色氨酸，另一种是对生理功能具有调节作用的肽类。肽类的镇痛作用会让人感到全身舒适，有利于解除疲劳并入睡。对于待产前紧张而导致神经衰弱的孕妈妈，牛奶的安眠作用更为明显。牛奶中的钙也是促进胎宝宝骨骼发育的重要元素。

▶不宜吃冷饮

孕妈妈胃肠功能对冷热的刺激极其敏感，食入过多冷饮会使胃肠血管收缩，胃液分泌减少，消化功能下降，出现食欲缺乏、腹泻、腹痛的现象，对临产的孕妈妈极为不利，所以在这个时候不宜吃冷饮。

▶不宜饮食过量

分娩时需要消耗很多能量，有些孕妈妈会过量补充营养，为分娩做体能准备。其实不加节制地摄取高营养、高热量的食物，会加重肠胃的负担，造成腹胀；还会使胎宝宝过大，结果在生产时往往造成难产、产伤。孕妈妈产前可以吃一些少而精的食物，诸如鸡蛋、牛奶、瘦肉、鱼虾和豆制品等，防止胃肠道充盈过度或胀气，以便顺利分娩。

睡前喝一杯牛奶，有助于孕妈妈缓解临产的紧张情绪。

第39周

顺产
三餐推荐

在孕10月，孕妈妈要为分娩和产后哺乳积蓄营养和能量了，应该多吃一些易于消化、口味适中，同时又富含碳水化合物和关键营养素的食物，建议孕妈妈一日三餐以米、面等主食为主。

早 餐

肉菜粥
（香蕉）

肉菜粥营养丰富且易吸收，能有效补充能量，适合即将临产的孕妈妈食用。

原料： 大米50克，猪瘦肉馅20克，青菜50克，酱油、植物油适量。

做法： ❶大米洗净；青菜洗净，切碎。❷油锅烧热，倒入肉馅翻炒，再加入酱油，加入适量水，将大米放入锅内，煮熟后加入青菜碎，煮至熟烂为止。

`这样吃更健康` 含草酸较多的青菜，最好用沸水焯过后再放到粥里煮。

`食材可替换` 猪瘦肉馅、香菇、胡萝卜做成丸子蒸熟，用喜欢的酱料蘸着吃。

午 餐

虾仁蛋炒饭
（鲫鱼冬瓜汤）

虾仁富含锌、蛋白质，肉质松软易消化，与其他食材搭配营养丰富。此炒饭有利于待产的孕妈妈食用。

原料： 米饭1碗，鲜香菇3朵，虾仁5个，胡萝卜1/2根，鸡蛋1个，盐、料酒、蒜末、植物油各适量。

做法： ❶鲜香菇洗净，切丁；胡萝卜洗净，切丁；虾仁洗净，加入料酒腌5分钟；鸡蛋打入碗中。❷油锅烧热，放入鸡蛋液迅速炒散成蛋花，盛出。❸油锅烧热，下蒜末炒香，倒入虾仁翻炒至七成熟，倒入香菇丁、胡萝卜丁、米饭，拌炒均匀；再加入盐、鸡蛋，翻炒入味。

`食材可替换` 炒饭的食材可以随孕妈妈的口味进行变换，海鲜、水果都可以用来炒饭。

| 日间加餐 | 晚 餐 | 晚间加餐 |

芹菜豆干粥

芹菜豆干粥清爽滑润、味道咸香，能增进食欲，且营养成分全面，适合孕妈妈食用。

原料： 糯米、芹菜、豆腐干各50克，盐、香油各适量。

做法： ❶芹菜择洗干净，切丁；豆腐干洗净，切丁。❷糯米洗净，放入锅中，加适量清水煮20分钟。❸放入芹菜、豆腐干煮熟，加盐调味，淋入香油。

（这样吃更健康）芹菜叶中所含的营养素比茎多，不要将芹菜叶丢掉，可以焯一下凉拌吃，或是煮粥摊饼吃，都很不错。

（食材可替换）糯米、芹菜、腰果一同熬粥，吃起来更香，口感更好。

三鲜汤面
（香菇炒菜花）

三鲜汤面可以有效地为孕妈妈补充能量，而且口味清淡鲜香，容易消化。

原料： 面条100克，海参、鸡肉各10克，虾肉20克，鲜香菇2朵，盐、料酒、植物油各适量。

做法： ❶虾肉、鸡肉、海参洗净，切薄片；鲜香菇洗净，切丝。❷面条煮熟，盛入碗中。❸油锅烧热，放虾肉、鸡肉、海参、香菇丝翻炒，变色后放入料酒和适量水，烧开后加盐调味，浇在面条上。

（这样吃更健康）放一些青菜营养更全面。

（食材可替换）用面粉做成面疙瘩，煮熟后与鸡肉、香菇、土豆、胡萝卜、洋葱一同炒食。

栗子糕
（牛奶）

栗子中富含碳水化合物，可为孕妈妈补充体力。

原料： 生栗子100克，白糖、糖桂花各适量。

做法： ❶栗子煮熟后，剥去外皮，煮熟。❷将煮透的栗子捣成泥，加入白糖、糖桂花，隔着布搓成栗子面，擀成长方形片，在表面撒上一层糖桂花，压平，将四边切齐，再切成块，码在盘中。

（这样吃更健康）不要在饭后吃太多栗子糕，以免摄入的热量过多。

（食材可替换）做红烧肉时，加几个栗子，栗子粉粉的口感，吃后让人回味无穷。

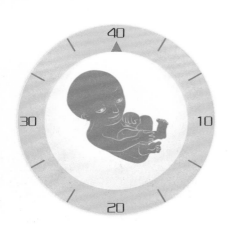

第 40 周

♥ 宝宝变化：随时可能出生

本周胎宝宝随时都有可能出生，不过只有 5% 的胎宝宝能很听话地在预产期出生，提前或延迟几天或一周出生都是正常的，孕妈妈不必担心。

▶饮食指导：补充能量，为分娩助力

如果孕妈妈是初产妇，无高危妊娠因素，准备自然分娩，可准备一些易消化、少渣、可口味鲜的食物，如鸡蛋汤面、排骨汤面、牛奶、酸奶、巧克力等；同时注意补充水分，让自己吃饱吃好，为分娩准备足够的能量。孕妈妈可以适当多吃富含蛋白质、碳水化合物等能量较高的食物。

▶营养重点：蛋白质、碳水化合物、铁

蛋白质	推荐食物：海参、海鱼、虾、豆腐、瘦肉、鸡肉 这时候孕妈妈要适当摄取如豆腐、牛奶、鱼、瘦肉等富含优质蛋白质的食物，为最终的分娩打下坚实的体能基础。
碳水化合物	推荐食物：大米、土豆、荸荠、藕粉、面条、巧克力 与蛋白质相比，碳水化合物能提供最直接的热量，而且也是最主要的供能方式。因此，临产孕妈妈的饮食中必须有富含碳水化合物的食物，即孕妈妈三餐中都要吃米、面等主食。
铁	推荐食物：木耳、芝麻、菠菜、瘦肉 无论是顺产还是剖宫产，孕妈妈不可避免地会失血，所以补铁很重要。越是接近临产，就越要多吃些含铁质的蔬菜，如菠菜、紫菜、芹菜、海带、木耳等。

营养师有话说

分娩过程一般要经历 12~18 小时，孕妈妈的体力消耗极大。这个时候的饮食要富有营养、易消化，特别是能快速补充能量。同时也要注意，补充能量要保质保量，却不能过量饮食。过量饮食会加重孕妈妈的肠胃负担，造成腹胀，反而给分娩带来困难。

♥ 妈妈变化：努力通过分娩关

十月怀胎，一朝分娩，漫长的等待终于要结束了。孕妈妈只要再加把劲，顺利过了分娩这一关，就可以抱着这个在腹中孕育十个月的小生命，享受初为人母的喜悦啦。

▶ 宜吃巧克力补充体能

孕妈妈在产前吃巧克力，可以缓解紧张情绪，保持积极心态。另外巧克力可以为孕妈妈提供足够的热量。整个分娩过程一般要经历 12~18 小时，这么长的时间需要消耗很大的能量。因此，在分娩开始和进行中，应准备一些优质巧克力，随时补充能量。

▶ 宜在待产期间适当进食

分娩过程一般要经历很长时间，孕妈妈的体力消耗很大，所以必须要在待产期间饮食。这个时候的饮食要富有营养、易消化、清淡，可选择奶类、面条、馄饨等。孕妈妈也可以将巧克力等高热量的食物带进产房，以随时补充体力。

▶ 不宜在剖宫产前吃东西

如果是有计划实施剖宫产，手术前要做一系列检查，以确定孕妈妈和胎宝宝的健康状况。关于术前饮食应遵医嘱，一般手术前一天，晚餐要清淡，午夜 12 点以后不要吃东西，以保证肠道清洁，减少术中感染。手术前 6~8 小时不要喝水，以免麻醉后呕吐，引起误吸。手术前孕妈妈注意保持身体健康，避免患上呼吸道感染等发热的疾病。

▶ 不宜药物催生前吃东西

在开始施用药物催生之前，孕妈妈最好能禁食数个小时，让胃中食物排空。因为在催生的过程中，有些孕妈妈会出现呕吐的现象；另一方面，在催生的过程中也常会因急性胎儿窘迫而必须施行剖宫产手术，而排空的胃有利于减少麻醉的呕吐反应。

生产前吃 1~2 块深色巧克力，可以帮助孕妈妈快速补充能量。

第40周

顺产
三餐推荐

在孕期的最后阶段，孕妈妈的饮食都是以能促进顺利分娩为目的的。多吃一些补充能量的食物，并且注重补铁，以迎接随时到来的分娩。

鲜虾粥
（煮鸡蛋）

虾仁富含蛋白质，与大米煮粥营养丰富易消化，适合孕晚期食用。

原料： 大米、虾仁各 50 克，芹菜、香菜叶、盐各适量。

做法： ❶大米洗净，煮成粥。❷芹菜择洗干净，入沸水中焯烫，晾凉切碎。❸虾仁入沸水中煮熟。❹将芹菜、虾仁放入粥锅中稍煮，用盐调味，撒上香叶即可。

（这样吃更健康）过敏的孕妈妈就不要吃虾了。

（食材可替换）不喜欢喝鲜虾粥，还可以将大米与水果丁一同熬煮，酸甜的口味符合孕妈妈的胃口。

宫保素丁
（米饭、油菜蘑菇汤）

此菜色香味俱全，且营养丰富，非常适合孕妈妈食用。

原料： 荸荠、胡萝卜、土豆各 50 克，水发木耳 30 克，鲜香菇 4 朵，花生、蒜末、豆瓣酱、盐、白糖、高汤、植物油各适量。

做法： ❶荸荠、胡萝卜、土豆分别去皮洗净，切丁后焯烫；香菇、木耳洗净，切片。❷花生放入锅中煮熟透，捞出沥水。❸油锅烧热，用蒜末炝锅，将荸荠、胡萝卜、土豆、香菇、木耳、花生倒入翻炒，加豆瓣酱、盐、白糖炒匀，再加高汤用小火煮熟。

（这样吃更健康）荸荠一定要烹炒熟。

（食材可替换）荸荠末与猪肉馅、鸡蛋搅匀，加调料，做成四喜丸子，就成了一道非常喜庆的菜肴。

日间加餐

西红柿菠菜面

西红柿菠菜面可增强食欲，还利于孕妈妈的消化吸收。

原料： 西红柿、菠菜各 50 克，切面 100 克，鸡蛋 1 个，盐、植物油各适量。

做法： ❶鸡蛋打匀成蛋液；菠菜洗净，焯水后切段；西红柿洗净，切块。❷油锅烧热，放入西红柿块煸出汤汁，加水烧沸，放入面条，煮熟。❸将蛋液、菠菜段放入锅内，用大火再次煮开，出锅时加盐调味。

（这样吃更健康）这道面食宜少用油，清淡为宜。

食材可替换　茄子切成丁，与西红柿、肉末一同炒熟，加汤熬煮，拌面条吃，味道鲜美。

晚餐

土豆海带汤

（米饭、木耳炒肉）

土豆海带汤中含有丰富的营养素和能量，很适合孕妈妈吃。

原料： 土豆 1 个，洋葱 1/2 个，水发海带 100 克，盐、海米、高汤、植物油各适量。

做法： ❶土豆去皮洗净，切丝；水发海带洗净，切丝；洋葱洗净，切成末。❷油锅烧热，加洋葱末略炒出香味，加高汤烧沸，加入土豆丝、海带丝、海米、盐，煮熟即可。

（这样吃更健康）偏胖的孕妈妈不宜多吃土豆。

食材可替换　将土豆泥与沙拉酱以及炒好的洋葱丁、胡萝卜丁、青椒丁搅匀，捏成土豆沙拉球。

晚间加餐

芝麻葵花子酥球

（酸奶）

美味可口的小零食，可迅速为孕妈妈和胎宝宝补充能量。

原料： 熟葵花子仁、低筋面粉各 100 克，白糖、芝麻各 50 克，牛奶 30 克，红糖 20 克，鸡蛋 1 个，小苏打 5 克。

做法： ❶将熟葵花子仁、牛奶、红糖、白糖、鸡蛋液放入搅拌机，打成泥浆状。❷小苏打和低筋面粉混合后筛入碗里，与葵花子仁泥搅拌成面糊。❸用手将面糊揉成一个个小圆球，在圆球上刷一层蛋液，放在芝麻里滚一圈，用烤箱烤熟即可。

（这样吃更健康）熟葵花子不宜多吃，否则容易引起口干等上火症状。

食材可替换　还可以将葵花子仁换成松子仁，营养全面。

分娩当天

♥ 顺产的3个产程

宝宝离开母体要经过3个阶段，医学上称为3个产程。这3个产程就是从子宫有节奏的收缩到胎盘娩出的全部过程，完成这个过程，才算分娩结束。

▶ 第1产程：宫口扩张阶段

子宫每隔10多分钟收缩1次，收缩的时间也比较短。越往后，子宫收缩得越来越频繁，每隔1~2分钟就要收缩1次，每次持续1分钟左右。助产士会及时为妈妈测量血压，听胎心，观察宫缩情况，了解宫口是否开全，还要进行胎心监护，他们会针对妈妈的具体情况，做出正确的判断和及时处理。

▶ 第2产程：推出宝宝阶段

这时，妈妈要躺在产床上等候，助产士会帮助分娩。妈妈用力的大小、正确与否，都直接关系到宝宝娩出的快慢、宝宝是否缺氧，以及妈妈的会阴部损伤轻重程度。所以，这时妈妈要按照助产士的指导，该用力时用力，不该用力时就抓紧时间休息。这一时期，宫缩痛明显减轻，子宫的收缩力量更强。当出现宫缩时，妈妈的双脚要蹬在产床上，两手紧握产床边上的扶手，深吸一口气，然后屏住，像解大便一样向下用力，并向肛门屏气，持续的时间越长越好。如果宫缩还没有消失，就换口气继续同样用力使劲，这时宝宝会顺着产道逐渐下降。这时，子宫收缩越来越紧，每次间隔只有1~2分钟，持续1分钟，宝宝下降很快，迅速从宫颈口进入产道，然后又顺着产道达到阴道口露头。

当胎头即将娩出时，助产士会提醒妈妈不要再用力了。此时，妈妈可以松开手中紧握的产床扶手，双手放在胸前，宫缩时张口哈气，宫缩间歇时，稍向肛门方向屏气。这时，助产士会保护胎头缓慢娩出，同时保护妈妈的会阴部位，防止严重撕裂。当宝宝娩出的时候，妈妈的臀部不要扭动，保持正确的体位。这个阶段头胎妈妈一般需要1~2个小时，二胎妈妈只需要半个小时或几分钟。

▶ 第3产程：胎盘娩出阶段

宝宝娩出，妈妈顿觉腹内空空，如释重负，子宫收缩，待5~30分钟后，胎盘及包绕宝宝的胎膜和子宫分开，随着子宫收缩而排出体外。如超过30分钟胎盘不下，则应听从医生安排，由医生帮助娩出胎盘。胎盘娩出意味着整个产程全部结束。此时的孕妈妈可以选择能够快速消化、容易吸收的碳水化合物或淀粉类食物，如小米稀饭、玉米粥、全麦面包等，以补充体力。

不含糖分的全麦面包易消化，使孕妈妈保持充沛精力。

产程演示图

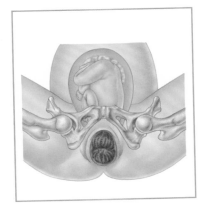

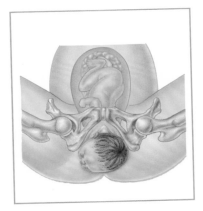

▶顺产配合方法

宝宝的出生，是孕妈妈和医生齐心协力的结果，孕妈妈在分娩时要努力配合医生，才能使分娩更顺利。

❶ 要将注意力集中在生产上。

❷ 收下颌，看着自己的脐部，身体不要向后仰，否则会使不上劲。

❸ 尽量分开双腿，脚掌稳稳地踩在脚踏板上，脚后跟用力。

❹ 紧紧抓住产床的把手，像摇船桨一样，朝自己这边提。

❺ 背部紧紧贴在床上，才能使得上劲，用力的感觉强烈时，不能拧着身体。

❻ 不要因为有排便感而感到不安，或者因为用力时姿态不好看而觉得不好意思，只有尽可能配合医生的要求，大胆用力，才能达到最佳效果。

闭眼深呼吸，吐出一口气，能缓解临产前的紧张情绪。

产后第1周

♥ 宝宝变化：出现暂时性体重下降

一声响亮的啼哭宣告宝宝的来临，在出生后半小时，宝宝就会吃到第一口母乳。在出生后12小时左右，宝宝会排出墨绿色的胎便。在出生后的最初几天，宝宝的体重会出现生理性下降，一周之后就会恢复到出生时的水平，爸爸妈妈不必太过担心。

♥ 妈妈变化：红色恶露量增加

从产后第1天开始，新妈妈会排出血液、少量胎膜及坏死的蜕膜组织的混合物，类似于"月经"，这就是恶露。此后1周的时间，都是新妈妈排恶露的关键期。

▶ 宜吃开胃的食物

不论是自然分娩还是剖宫产，在产后的第1周，新妈妈似乎对"吃"提不起兴趣。因为身体虚弱，胃口会非常差。如果大鱼大肉地猛补，只会适得其反。所以，新妈妈适宜吃比较清淡的饮食，如蔬菜汤、小米粥、藕粉等，同时多吃橙子、柚子、猕猴桃等有开胃作用的水果。值得注意的是，水果宜加热后食用。本阶段的重点是开胃而不是滋补，新妈妈胃口好，才能食之有味，吸收才能好。

▶ 宜补充足够的水分

由于产程中失血，以及进食过少也会导致体液丢失，因此要注意多喝水补液。新妈妈产后活动少，更应多喝水，预防便秘的发生。多喝水、多吃汤，还能帮助新妈妈增加乳汁的分泌。

▶ 宜喝生化汤排毒

一般自然分娩的新妈妈在无凝血功能障碍、生产时出血过多，导致血崩，在无伤口感染的情况下，可以产后第3天服用，每天1帖，连服7~10帖。剖宫产妈妈最好在产后7天以后服用，每天1帖，每帖分3份，早中晚三餐前温热服用，连续服用5~7帖。喝之前可咨询医生。

▶ 不宜急着食用催奶补品

看着嗷嗷待哺的宝宝，再想想空空如也的乳房，多数妈妈的第一反应就是赶紧喝许多大补汤水。想要哺育宝宝的心情可以理解，但产后立即下奶的方法则是大错特错。因为产后妈妈身体太虚弱，马上进补催奶的高汤，往往会"虚不受补"，反而会导致乳汁分泌不畅。另外，宝宝在初生几天内吃得较少，如果服催奶品，奶水太多还易形成乳腺炎。

调理
三餐推荐

产后的最初几日里，新妈妈会感觉身体虚弱、胃口比较差。此时适宜吃些清淡、开胃的食物和排恶露的食物，并相应补充液体及钾、镁等营养素。

早餐	午餐	晚餐

生化汤

此汤能调节子宫收缩，减轻因子宫收缩造成的腹痛，促进恶露排出。

原料： 当归、桃仁各 15 克，川芎 6 克，黑姜 10 克，甘草 3 克，粳米 100 克，红糖适量。

做法： ❶粳米米淘洗干净，清水浸泡 30 分钟，备用；当归、桃仁、川芎、黑姜、甘草和水以 1：10 的比例小火煎煮 30 分钟，去渣取汁。❷将药汁和淘洗干净的粳米熬煮为稀粥，调入红糖，温热服用。

这样吃更健康 服用此汤不要超过 2 周，否则不利于子宫内膜新生。

什菌一品煲
（米饭）

素素的什菌汤很开胃，特别适合产后虚弱、食欲不佳的新妈妈食用。

原料： 猴头菌、草菇、平菇、白菜心各 50 克，干香菇 30 克，葱花、盐各适量。

做法： ❶干香菇泡发后洗净，去蒂，划出花刀；平菇洗净切去根部，撕片；猴头菌、草菇洗净切开；白菜心掰开洗净。❷锅内放入清水、葱花，大火烧开。❸再放入其余食材转小火炖煮 10 分钟，加盐调味即可。

这样吃更健康 素素的什菌汤，有很好的开胃作用。

虾皮烧豆腐
（米饭、西红柿面片汤）

植物蛋白和钙含量丰富，营养更全面，有助于新妈妈的伤口愈合。

原料： 豆腐 150 克，虾皮 20 克，盐、葱花、姜末、水淀粉、植物油各适量。

做法： ❶豆腐切丁，焯水；虾皮洗净，剁成末。❷油锅烧热，放入葱花、姜末和虾皮爆香，倒入豆腐丁，加入盐、适量水，烧沸，最后用水淀粉勾芡。

这样吃更健康 还可放些瘦肉末，更营养。

产后
2
第　周

6 5 4 3 2 1

♥ 宝宝变化：黄疸逐渐消退

宝宝现在还只能看清眼前20~25厘米左右的东西。宝宝的脐带一般会在第2周内变干变黑，自动脱落；2周内还没脱落的，只要没有感染，可以再观察一段时间。足月宝宝的黄疸一般会在出生后第2周内消退，早产宝宝可能会延迟到第3~4周。

♥ 妈妈变化：水肿和瘀血消失

到了产后第2周，顺产新妈妈阴道壁周围的水肿和瘀血基本消失，伤口初步愈合，组织的张力逐渐恢复。这时，顺产新妈妈可以进行小幅度的产后锻炼，有助于身体的恢复。

▶宜适时补钙

产后新妈妈体内钙含量下降，骨骼更新钙的能力下降，加之哺乳也会让新妈妈流失更多的钙。研究表明，每分泌1000~1500毫升的乳汁，新妈妈就要失去300~500毫克的钙。乳汁分泌量越大，钙的流失量就越多。

因此，新妈妈应多吃含钙丰富的食物。牛奶、鸡蛋不仅含钙丰富，且易于吸收。如果食补效果不佳，新妈妈也可以在医生的指导下服用钙剂。

▶宜及时补铁

除了吃含钙丰富的食物外，新妈妈还要及时补充铁，但要在医生指导下服用。分娩时或多或少都会失血，所以新妈妈产后缺铁是比较常见的现象，特别是母乳喂养的新妈妈。哺乳期的新妈妈每天摄入25毫克铁才能满足自身和宝宝的需求。

▶宜吃易消化的食物

产后新妈妈需要大量营养，以补充在孕期和分娩时消耗的能量，但在坐月子期间最好多吃些营养高且易消化的食物。因为此时新妈妈的肠胃功能还未完全恢复，不宜大量进补，以免造成肠胃功能紊乱。小米粥、蔬菜汤、鸡蛋面、清淡的鱼汤等是这一时期的理想食物。

▶不宜摄取过多盐分

咸味食物中的钠离子更易使血液中的浓稠度增加，而让新陈代谢受到影响，造成血液循环减缓。另外，过咸的食品有回奶作用，所以新妈妈坐月子期间最好还是避免酸咸食物。

补血
三餐推荐

这一周的饮食虽然仍然提倡清淡，但现在可以适当地选择一些进补的食物，以调理肠胃、促进恢复为主，可以适当地选择补气养血的温和食材来调理身体。

早餐	午餐	晚餐

豌豆小米粥
（苹果）

豌豆搭配小米，营养全面且易于吸收。

原料： 豌豆 20 克，小米 50 克，红糖适量。

做法： ❶豌豆、小米分别洗净，浸泡。❷锅中放入小米和适量水，大火烧沸后改小火，熬煮成粥。放入豌豆，小火继续熬煮。❸待粥煮至熟烂时，调入红糖。

〔这样吃更健康〕豌豆不易消化，新妈妈不可连续食用此粥。

莲子薏米煲鸭汤
（米饭）

鸭肉易于消化，适合产后新妈妈恢复身体食用。

原料： 鸭肉 150 克，莲子 10 克，薏米 20 克，葱段、姜片、百合、白糖、盐各适量。

做法： ❶把鸭肉洗净，切成块，余水后捞出放入锅中；百合瓣瓣，洗净；薏米洗净。❷在锅中依次放入葱段、姜片、莲子、百合、薏米，再加入白糖，倒入适量开水，用大火煲熟。❸待汤煲好后出锅时加盐调味。

〔这样吃更健康〕汤不宜过油。

四物炖鸡汤
（米饭）

此汤可补血养血，有助于新妈妈产后恢复。

原料： 乌鸡 1 只，川芎 6 克，当归、白芍、熟地各 10 克，盐、姜片、葱段、料酒各适量。

做法： ❶乌鸡处理干净，入沸水余烫，捞出。当归、川芎、白芍、熟地洗净，装入双层纱布袋中。❷将乌鸡和药包放入锅中，加水煮沸，撇去浮沫，加姜片、葱段、料酒，小火炖至鸡肉软烂，加盐调味，除去药包即成。

〔这样吃更健康〕每周食用 1~2 次，每次 1 碗即可。

产后 第 **3** 周

♥ 宝宝变化：该补充鱼肝油了

到了第3周，宝宝的排便次数会相对减少，但排泄量会增加。吃母乳的宝宝一般每天大便3次，喝配方奶的宝宝一般每天1~2次。而且从第3周开始，就应该适量给宝宝补充鱼肝油了，至少补充到2岁。母乳和配方奶粉虽然含钙多，但维生素D的含量较少，因此需要额外补充鱼肝油，但要遵医嘱，不能过量。

♥ 妈妈变化：胃口变好了

从第3周开始，新妈妈的伤口基本愈合，没有了明显的疼痛，身体的其他不适感逐渐减轻。通过产后前2周的调整和进补，新妈妈的胃肠已适应了少食多餐、汤水为主的饮食习惯，胃口也变好了。

▶ 宜吃催乳的食物

宝宝到半个月以后，胃容量增长了不少，吃奶量与时间逐渐形成规律。新妈妈这时完全可以开始吃催奶食物了，鲫鱼汤、猪蹄汤、排骨汤等都是很有效的催奶汤。

▶ 宜吃清火食物

宝宝的到来打乱了规律的生活节奏，再加上一些新妈妈食用一些滋补的食物，所以容易上火。妈妈上火会影响到乳汁，宝宝也就容易跟着上火。所以在哺乳期妈妈也要多吃一些清火的食物，如荸荠、杨桃、苹果、香蕉和芹菜等。需要注意的是，新妈妈吃水果需要加热后食用。

▶ 不宜过量食醋

有的新妈妈为了迅速瘦身，喝醋减肥，其实这样做不好。因为新妈妈身体各部位都比较脆弱，在此期间极易受到损伤。酸性食物会损伤牙齿，给新妈妈留下日后牙齿易于酸痛的隐患。食醋中含醋酸5%~8%，若仅作为调味品食用，与牙齿接触的时间很短，不至于在体内引起什么不良作用，还可以促进食欲，但不宜过量食用。

▶ 不宜吃过冷的食物

新妈妈要避免吃过冷的食物，如冷饮、冰激凌等，以免过冷的食物刺激胃肠道而引起胃肠道不适。产后新妈妈体质较弱，抵抗力差，容易引起胃肠炎等消化道疾病，因此，在注意食品卫生的同时，要避免吃过冷的食物。

催乳
三餐推荐

无论在身体上还是精神上，新妈妈现在都会轻松很多，全部的心思都放在喂养宝宝上，促进乳汁分泌是重中之重，所以新妈妈要多吃一些催乳的食物。

早餐	午餐	晚餐

花生猪蹄小米粥
（苹果）

猪蹄可补血、通乳、养颜，适合哺乳妈妈食用。

原料： 猪蹄 1 个，花生、鲜香菇各 20 克，小米 50 克。

做法： ❶猪蹄去毛洗净，切块，放入锅中，加适量水，煮至软烂；花生、鲜香菇、小米洗净；鲜香菇切块。❷锅中放入小米、花生和猪蹄，加适量水，大火烧沸后改小火，熬煮成粥。❸待粥煮熟时，放入香菇块略煮即可。

这样吃更健康 猪蹄不宜在睡觉前吃。

枸杞红枣蒸鲫鱼
（米饭）

鲫鱼搭配红枣和枸杞子，有很好的补血通乳的作用。

原料： 鲫鱼 1 条，红枣 2 颗，葱姜汁、枸杞子、料酒、盐、清汤、醋各适量。

做法： ❶鲫鱼处理好，洗净，焯烫后用温水冲洗。❷鲫鱼腹中放红枣，将鲫鱼放入汤碗内，倒进枸杞子、料酒、醋、清汤、葱姜汁、盐。❸把汤碗放入蒸锅内蒸 20 分钟即可。

这样吃更健康 用新鲜鲫鱼蒸食，汤鲜肉嫩。

鲢鱼丝瓜汤
（馒头、芦笋炒肉丝）

鲢鱼和丝瓜同食，对产后乳汁少的新妈妈尤为适宜。

原料： 鲢鱼头 1 个，丝瓜 1 根，葱段、姜片、盐、料酒各适量。

做法： ❶鲢鱼头处理好后洗净；丝瓜去皮，洗净，切成条。❷将鲢鱼放入锅中，加料酒、姜片、葱段后，加适量水，开大火煮沸。❸转小火慢炖 10 分钟，加入丝瓜条，煮至鲢鱼、丝瓜熟透后，加盐调味。

这样吃更健康 吃鲢鱼还有助于美容，新妈妈可以常吃。

产后
4
第 周
6 5 1 4 2 3

♥ 宝宝变化: 体重增加了

宝宝的喝奶量增加了, 而且与之前相比, 现在的体重也有了明显增加。可以明显感觉到宝宝的小脸蛋开始变得圆润, 手臂和腿也都圆乎乎的。到了第4周, 可以给宝宝看高对比度的黑白图案, 能刺激宝宝的视力发育和大脑发育, 还有助于培养宝宝的观察力、记忆力和专注力。

♥ 妈妈变化: 身体逐渐恢复到产前状态

第4周是新妈妈体质恢复的关键期, 身体各个器官逐渐恢复到产前的状态。而且经过了3周的休息, 胃肠功能逐渐好起来。此时可以增加食补, 但仍需注意不要给胃肠道造成过大的负担。

▶ 宜定时定量进餐

虽然说经过前3周的调理和进补, 新妈妈的身体得到了很好的恢复, 但是也不要放松对身体的呵护, 不要因为照顾宝宝太过忙乱, 而忽视了进餐时间。宝宝经过3周的成长, 也建立起了较有规律的作息时间。吃奶、睡觉、拉便便时间及次数, 新妈妈都要留心记录, 掌握宝宝的生活规律, 也要相应安排好自己的进餐时间。而且新妈妈还要根据宝宝吃奶量的多少, 定量进餐。

▶ 宜食用天然食物

新妈妈最好以天然食物为主, 不要过多服用营养素。目前, 市场上有很多保健食品, 有些人认为分娩让新妈妈大伤元气, 要多吃些保健品补一补, 这种想法是不对的。月子里应该以天然绿色的食物为主, 尽量少食用或不食用人工合成的各种补品。

▶ 不宜食用味精

味精的主要成分是谷氨酸钠, 对出生12周以内的宝宝有不利影响。如果哺乳的新妈妈食用过多的味精, 谷氨酸钠就会通过乳汁进入宝宝体内, 导致宝宝出现味觉差、厌食等症状, 还可能影响宝宝的智力发育。

▶ 不宜吃西瓜、柿子

西瓜味甘、性凉, 对产后妈妈的身体恢复不利, 就算是在夏天也不可多吃。柿子味甘、性寒, 产后新妈妈的身体很虚弱, 最好不要吃。

补气
三餐推荐

对于新妈妈来说，产后第4周的进补不能掉以轻心。本周可是产后恢复的关键时期，身体各个器官要逐渐恢复到产前的状态，就需要有更多的营养，因此新妈妈要尽快补充元气。

早餐

肉末蒸蛋
（牛奶馒头）

此蛋羹营养丰富，口感好，有利于新妈妈的身体恢复和健康。

原料： 鸡蛋2个，猪肉(三成肥七成瘦)50克，水淀粉、盐、葱花、生抽、植物油各适量。

做法： ❶将鸡蛋打散，放入盐和适量清水搅匀，上锅蒸熟；猪肉洗净剁成末。❷油锅烧热，放入肉末，炒至松散出油；加入葱花、生抽及水，用水淀粉勾芡后，浇在蒸好的鸡蛋上即可。

这样吃更健康 也可以在肉末蒸蛋里加些去皮的西红柿。

午餐

麻油鸡
（米饭、清炒菠菜）

麻油鸡营养丰富，其温和的滋补作用最适合现在的新妈妈。

原料： 三黄鸡1只，香油、姜片、盐、冰糖、米酒各适量。

做法： ❶三黄鸡洗净，切块，放入锅中，加水大火加热烧开，捞出鸡块洗净。❷炒锅中放入香油，再爆香姜片，放入鸡块，煸炒至鸡块边缘微焦。❸加入冰糖和米酒继续翻炒3分钟，然后放入适量热水，大火烧开后调成小火加盖焖煮50分钟，最后用盐调味。

这样吃更健康 宜把鸡皮去掉。

晚餐

红豆饭
（三鲜冬瓜汤）

红豆与大米粗细搭配，营养丰富、均衡，适合新妈妈食用。

原料： 红豆30克，大米40克。

做法： ❶红豆洗净，浸泡一夜。❷锅中放入适量水，再放入红豆，煮至八成熟。❸把煮好的红豆和汤一起倒入淘洗干净的大米中，蒸熟即可食用。

这样吃更健康 将红豆煮熟，加白糖腌制，就成了甜甜的蜜红豆。

产后
第 **5** 周

♥ 宝宝变化: 能分辨熟悉的声音

刚出生的宝宝对声音很敏感，周围有声音时，宝宝会转头寻找声源。宝宝现在对爸爸妈妈的声音很熟悉，听到爸爸妈妈的声音会变得安静下来或很兴奋。所以在给宝宝喂奶、换尿布或洗澡的时候，应该多和宝宝说说话，或哼唱轻柔的歌曲，这都是适合宝宝的交流方式，宝宝也会在这个过程中逐渐学习听和说。

♥ 妈妈变化: 恶露几乎没有了

到了本周，新妈妈的恶露几乎都没有了，白带开始正常分泌。如果恶露仍未干净，就要当心是否子宫恢复不全，因为子宫未入盆腔会导致恶露不净，新妈妈就需要去医院做检查。

▶宜多吃补血的食物

哺乳期妈妈的饮食重点是保证自身营养和宝宝的需求，同时，为了以后健康瘦身，妈妈要根据自身情况进行补血，将补血"提上日程"。可以多吃一些补血的食物，调理气血，如黑豆、紫米、红豆、猪心、红枣、西红柿、苋菜、黑木耳、荠菜等。

▶宜注重食材的选择

月子餐要保证新妈妈的身体尽快复原，就必须要选择考究的原料，如选择时令新鲜蔬菜水果；汤品首选鱼汤，热量低且营养价值高。同时，食材的选购也要注意选择天然无污染的种类，最好到正规菜市场或超市购买。

▶不宜多吃巧克力

哺乳期的新妈妈不要吃巧克力，因为巧克力中含有的可可碱会通过母乳进入宝宝体内，并在宝宝体内积蓄。可可碱会刺激神经系统和心脏，导致消化不良、睡眠不稳、排尿量增加，不利于宝宝生长发育。此外，新妈妈吃太多的巧克力会影响食欲，更会影响产后身体的恢复。

▶不宜挑食、偏食

很多新妈妈觉得好不容易生下了宝宝，觉得终于可以不用在吃上顾虑那么多了，赶紧挑自己喜欢吃的进补吧。殊不知，不挑食、不偏食比大补更重要。因为新妈妈产后身体的恢复和宝宝营养的摄取均需要各类营养成分，饮食还要讲究粗细搭配、荤素搭配等。这样既可保证各种营养的摄取，还可提高食物的营养价值，对新妈妈的身体恢复很有益处。

营养
三餐推荐

新妈妈产后身体的恢复和宝宝营养的摄取，均需要大量各类营养成分，所以新妈妈的饮食还要讲究粗细搭配、荤素搭配等，保证各种营养的均衡摄取。

早餐	午餐	晚餐

菠菜鸡肉粥
（玉米面饼）

菠菜鸡肉粥营养丰富，不油腻，新妈妈可常吃。

原料： 菠菜150克，鸡肉50克，大米50克，盐适量。

做法： ❶大米洗净；菠菜洗净，沸水中焯熟，切成段；鸡肉洗净，切丁。❷锅中放入大米和适量的水，大火煮沸后改小火熬煮。❸待粥煮至黏稠时，放入鸡肉丁，煮熟。❹加入菠菜段，最后用盐调味。

（这样吃更健康）一定要将菠菜在水中焯熟，再放锅中熬粥。

干贝灌汤饺
（西红柿炖豆腐）

干贝中含有丰富的蛋白质和矿物质，如钾、硒等，可以滋阴补血、益气健脾。

原料： 面粉100克，肉泥80克，干贝20克，姜末、盐、植物油各适量。

做法： ❶面粉加水和盐揉成面团，稍醒，制成圆皮。❷干贝用清水泡发后撕碎，然后将肉泥、干贝、姜末、盐加适量植物油调制成馅。❸包饺子，煮熟即可。

（这样吃更健康）孕妈妈不宜过量食用干贝，否则易影响胃肠的消化功能。

清炖鸽子汤
（菠萝虾仁炒饭）

鸽肉富含蛋白质、各种维生素，非常适宜新妈妈食用。

原料： 鸽子肉100克，鲜香菇20克，山药50克，红枣4颗，枸杞子、葱段、姜片、盐各适量。

做法： ❶鲜香菇洗净；山药削皮，切块；鸽子肉洗净，汆水后捞出。❷砂锅放水烧开，放姜片、葱段、红枣、香菇、鸽子肉，小火炖1个小时；再放入枸杞子，炖20分钟；最后放入山药，用小火炖至山药酥烂，加盐调味即可。

（这样吃更健康）鸽子肉不宜带太多油脂。

产后
6
第 周

6
5 1
4 2
3

♥ 宝宝变化：记忆力增强

宝宝的长时记忆在持续增强，如当听到洗奶瓶的声音或热奶器发出的声音时，宝宝会知道有奶喝了。这些同喂奶有关的举动，都会唤起宝宝对之前喂奶的幸福记忆。与此同时，宝宝的模仿能力逐渐变强，比如对语言的学习和表情的掌握等。爸爸妈妈如果对宝宝做一些表情，宝宝会尝试着模仿。

♥ 妈妈变化：子宫渐渐复原

到了产后第6周，新妈妈的子宫体积已经收缩到原来的大小，子宫内膜基本复原。这时候应当去医院进行健康检查，了解自己的恢复情况。

▶宜常吃蔬菜水果

产后新妈妈摄入的蔬菜水果如果不够，易导致便秘；而蔬菜和水果富含维生素、矿物质和膳食纤维，可增强身体抵抗力，促进胃肠道功能恢复，特别是可以预防便秘，加快代谢废物排出，新妈妈可以常吃。

▶不宜过量饮食

产后新妈妈的饮食不宜过量，营养丰富的食物也不必天天吃，或者刻意要求自己每天吃多少量，如鸡蛋虽富含蛋白质和钙，但每天吃一个就够了。每天刻意多吃不但增加了消化系统的负担，引起消化不良，还可能会引起其他健康问题。

▶不宜只吃精致的米、面

坐月子期间，新妈妈很容易发生便秘，这与生活习惯有密切关系。一些妈妈产后精致的米、面吃得多，粗粮及蔬菜等富含膳食纤维的食物吃得少，再加上运动量很小，很容易导致产后便秘。所以孕妈妈的饮食要注重粗细搭配、荤素搭配。

▶不宜喝浓茶、咖啡和碳酸饮料

哺乳期间新妈妈不能喝浓茶、咖啡，因为茶中的鞣酸会影响食物中铁的吸收，咖啡会使人体的中枢神经兴奋。虽然没有证据表明它们对宝宝有害，但也同样会引起宝宝神经系统兴奋。碳酸饮料不仅会使哺乳妈妈体内的钙流失，过量摄入还会通过母乳对宝宝产生影响。

补益
三餐推荐

新妈妈现在的饮食，依然要保证足够的营养摄入量和均衡，这不仅有助于自己的身体恢复，预防产后的各种不适，还对喂养宝宝大有益处。

早餐	午餐	晚餐

葱花饼
（牛奶）

面粉含蛋白质、碳水化合物等营养素，有养心益肾、除烦止渴的功效。

原料： 面粉100克，葱花、盐、植物油各适量。

做法： ❶面粉加水，揉成面团后醒20分钟。❷醒好的面团擀成薄饼，在表面涂一层油，撒上葱花和盐，将饼卷起切段；每段再擀成饼。❸平底锅入油，小火将饼煎至两面金黄即成。

（这样吃更健康）尽量煎得松软一些，但要保证煎熟了。

胡萝卜菠菜鸡蛋饭
（海带豆腐汤）

这道主食味道香美，而且能为新妈妈提供丰富的营养素。

原料： 米饭150克，鸡蛋1个，胡萝卜、菠菜各20克，葱末、盐、植物油各适量。

做法： ❶胡萝卜洗净，切丁；菠菜洗净，焯水后切碎；鸡蛋打成蛋液。❷油锅烧热，放鸡蛋液炒散。❸锅中留底油，放葱末煸香，加入米饭、胡萝卜丁、菠菜碎、鸡蛋翻炒，最后加盐调味。

（这样吃更健康）鸡蛋不宜多吃，每天一个就够了。

什锦面
（五彩虾仁）

什锦面营养均衡，易于消化。

原料： 面条100克，肉馅50克，鸡蛋1个，鲜香菇、豆腐、胡萝卜、海带各20克，香油、盐、鸡骨头各适量。

做法： ❶鸡骨头、海带洗净，一起熬汤；鲜香菇、胡萝卜洗净切丝；豆腐切条。❷肉馅加蛋清后挤成小丸子，汆熟。❸面条放入汤中煮熟，放入香菇丝、胡萝卜丝、豆腐条和小丸子、盐、香油稍煮。

（这样吃更健康）什锦面里的食材尽量都要吃，营养才均衡。

附录：孕产期常见不适调理三餐推荐

孕吐三餐推荐

早餐

生姜红枣粥

（煮鸡蛋）

原料： 大米 50 克，红枣 5 颗，生姜 3 片。

做法： ❶将大米淘洗干净；红枣洗净泡发；生姜片洗净切片。❷生姜片与红枣、大米同入锅中，用大火煮开，再转小火熬成粥。

营养功效 生姜中所含的高效抗吐成分可以显著缓解孕吐。

午餐

陈皮卤牛肉

（米饭、凉拌土豆丝）

原料： 牛肉 150 克，陈皮 2 片，葱、姜片、白糖、酱油、植物油各适量。

做法： ❶陈皮用水泡软；葱洗净切末；牛肉洗净切薄片，加酱油拌匀，腌 10 分钟。❷油锅烧热，把腌好的牛肉一片片放到锅里，稍微炸一下。❸油锅烧热，下陈皮、葱、姜片煸香，然后加入酱油、白糖、水和牛肉，炖至卤汁变浓即可。

营养功效 牛肉含有丰富的 B 族维生素，可减轻怀孕早期的呕吐症状，还可减轻精神疲劳等不适。

晚餐

清蒸鲤鱼

（米饭、麻酱素什锦）

原料： 鲤鱼 1 条，香菜叶、盐、姜片、火腿片、笋片、干香菇、料酒各适量。

做法： ❶干香菇泡发，去蒂切片；将鱼收拾干净，火腿片、笋片、干香菇、姜片放在鱼身上和鱼肚里，并用盐、料酒腌制片刻。❷将腌好的鱼搁入盘中，放入锅中蒸 15~20 分钟，取出，撒上香菜叶即可。

营养功效 清淡饮食对治疗呕吐尤其有效，且鱼肉营养丰富，可增加孕期所需的营养。

胃胀气三餐推荐

早餐

山药粥

原料： 大米 150 克，山药 50 克，白糖适量。

做法： ❶大米洗净，用清水浸泡；山药洗净，削皮后切块。❷锅内加入清水，将山药放入锅中，加入大米，同煮成粥。❸待大米、山药绵软，加白糖稍煮。

营养功效　山药粥、莲子粥等都可以调理脾胃，特别适合脾胃功能欠佳的孕妈妈。

午餐

大丰收
（西红柿鸡汤面）

原料： 白萝卜 1/2 根，生菜 1/2 棵，黄瓜 1/2 根，莴笋 1/2 根，圣女果 5 个，甜面酱、白糖、香油各适量。

做法： ❶白萝卜、莴笋去皮，切条，入沸水焯后捞出；黄瓜洗净，切成条；生菜洗净，撕成片，将这些蔬菜和圣女果码在一个大盘子里。❷甜面酱加适量白糖、香油，搅拌均匀。❸各种蔬菜蘸酱食用即可。

营养功效　白萝卜具有促进消化、增强食欲、加快胃肠蠕动的作用。

晚餐

茭白炒鸡蛋
（米饭、排骨玉米汤）

原料： 鸡蛋 2 个，茭白 100 克，盐、葱花、高汤各适量。

做法： ❶茭白洗净，切丝；鸡蛋磕入碗内，加盐搅匀，入锅炒散。❷油锅烧热，爆香葱花，放入茭白丝翻炒几下，加入盐及高汤，收干汤汁，放入鸡蛋，稍炒后盛入盘内。

营养功效　茭白富含丰富的膳食纤维，能帮助肠胃蠕动，非常适合胃胀气的孕妈妈食用。

腿抽筋三餐推荐

早餐	午餐	晚餐

三鲜水饺

原料： 猪肉100克，海参1个，虾仁2个，木耳1朵，饺子皮20个，葱末、姜末、香油、酱油、料酒、盐各适量。

做法： ❶猪肉洗净，剁成碎末，加适量清水，搅打至黏稠，再加洗净切碎的海参、虾肉、木耳，然后放入酱油、料酒、盐、葱末、姜末和香油，拌匀成馅。❷饺子皮包上馅料，捏成饺子，下锅煮熟即可。

> **营养功效** 饺子馅用多种原料制成，营养丰富，尤其是含钙多，常食有利于防止孕妈妈小腿抽筋。

芹菜牛肉丝

（米饭、鸭血豆腐汤）

原料： 牛肉150克，芹菜2棵，料酒、酱油、水淀粉、白糖、盐、葱丝、姜片、植物油各适量。

做法： ❶牛肉洗净，切丝，加料酒、酱油、水淀粉腌制1小时左右；芹菜择叶，去根洗净，切段。❷油锅烧热，下姜片和葱丝煸香，然后加入腌制好的牛肉和芹菜段翻炒，可适当加一点水。❸最后放入适量盐和白糖翻炒即可。

> **营养功效** 牛肉与芹菜搭配，能强筋壮骨，改善孕妈妈腿脚易抽筋的现象。

黄豆莲藕排骨汤

（米饭）

原料： 黄豆1小把，排骨4块，莲藕1节，盐、料酒、高汤、醋、姜片、植物油各适量。

做法： ❶排骨洗净；莲藕去皮，洗净，切块；黄豆洗净，泡2小时。❷油锅烧热，倒入排骨段翻炒，放入料酒、高汤、姜片、黄豆、盐、醋、藕块翻炒。❸开锅后移入砂锅中，炖至骨肉分离。

> **营养功效** 排骨含有钙质，对孕妈妈由于缺钙引起的腿抽筋有很好的改善作用。

水肿三餐推荐

早餐

红薯山楂绿豆粥

原料： 红薯 100 克，山楂末 10 克，绿豆粉 20 克，大米 50 克，白糖适量。

做法： ❶红薯去皮洗净，切成小块，备用。❷大米洗净后放入锅中，加适量清水用大火煮沸。❸加入红薯煮沸，改用小火煮至粥将成，加入山楂末、绿豆粉煮沸，煮至粥熟透加白糖即可。

营养功效　绿豆性味甘寒，有清热解毒、消暑止渴、利水消肿之功效。

午餐

鱼头冬瓜汤
（米饭）

原料： 鲤鱼头 1 个，冬瓜 200 克。

做法： ❶将鲤鱼头洗净去鳞；冬瓜洗净，去皮，切成薄片。❷将鲤鱼头和冬瓜一起放入锅里加水 3 小碗熬煮。❸待鲤鱼熟透后即可吃鱼头、冬瓜，喝汤。此汤不宜加盐。

营养功效　此汤有补脾益胃、利水消肿的作用，怀孕晚期的孕妈妈最适宜食用。

晚餐

红豆双皮奶
（南瓜蒸肉）

原料： 牛奶半袋，鸡蛋 1 个，红豆、白糖各适量。

做法： ❶取蛋清倒入大碗；牛奶倒入小碗隔水加热后取出晾凉；红豆煮熟。❷待小碗表层凝结成奶皮，将奶液倒入大碗中，奶皮留在碗底。❸大碗加白糖搅匀，再倒回小碗，使奶皮浮起。❹小碗封上保鲜膜，隔水蒸 10 分钟，冷却后形成一层新的奶皮，撒上红豆。

营养功效　这道红豆双皮奶补钙补铁又利尿。

贫血三餐推荐

早餐

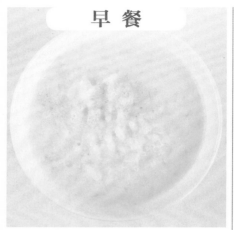

牛奶粥

（馒头）

原料：大米 30 克，牛奶 250 毫升。

做法：❶大米洗净放入锅内，加入清水，熬至大米绵软。❷加入牛奶枣，煮至粥浓稠即可。

午餐

香酥鸽子

（米饭、丝瓜豆腐鱼头汤）

原料：鸽子 1 只，姜片、葱、盐、料酒、植物油各适量。

做法：❶鸽子清理干净；葱洗净，只取葱白，切段。❷用盐揉搓鸽子表面，鸽子腹中加葱白、姜片、料酒，上笼蒸烂，拣去姜片、葱白。❸油锅烧热，放入鸽子炸至表皮酥脆，捞出装盘即可。

晚餐

青椒炒鸭血

（花卷、萝卜炖羊肉）

原料：鸭血 100 克，青椒 1 个，蒜、料酒、盐、植物油各适量。

做法：❶鸭血和青椒洗净，切小块；蒜去皮，洗净，切片；鸭血在开水中余一下去腥。❷油锅烧热，倒入青椒和蒜，翻炒几下后倒入鸭血，继续翻炒 2 分钟。❸最后加入适量料酒、盐翻炒即可。

营养功效　牛奶粥不仅可以缓解孕妈妈的贫血症状，且其含钙高且易于吸收，可促进胎宝宝骨骼生长。

营养功效　鸽肉有滋阴益气、祛风解毒、补血养颜等功效，尤其适宜孕晚期贫血的孕妈妈食用。

营养功效　鸭血含铁量高，营养丰富，有补血、护肝、清除体内毒素、滋补养颜的功效。

便秘三餐推荐

早餐

红薯粥
（馒头）

原料： 红薯 150 克，大米 100 克。

做法： ❶将红薯洗净，去皮切成块；大米洗净。❷将大米和红薯块放入锅内，加适量清水，大火煮沸后转小火，熬成浓稠的粥即可。

> **营养功效** 红薯富含膳食纤维，可促进胃肠蠕动，防止便秘。

午餐

核桃仁拌芹菜
（米饭、虾皮紫菜汤）

原料： 芹菜 100 克，核桃仁 4 颗，盐、香油各适量。

做法： ❶芹菜择洗干净，切段，用开水焯一下。❷焯后的芹菜用凉水冲一下，沥干水分，放盘中，加盐、香油。❸将核桃仁用热水浸泡后，去掉表皮，再用开水泡 5 分钟，放在芹菜上，吃时拌匀即可。

> **营养功效** 芹菜含有丰富的维生素C、铁及膳食纤维，有利于预防和缓解孕期便秘和妊娠高血压。

晚餐

菠菜猪血汤
（米饭、豆荚炒肉丁）

原料： 猪血 100 克，菠菜 3 棵，盐、香油各适量。

做法： ❶猪血洗净，切块；菠菜洗净，用开水焯一下，切段。❷锅中加水，放入猪血块和菠菜段，煮开，加入盐和香油调味即可。

> **营养功效** 此汤可滋肾补肺，润肠通便。每日或隔日食用 1 次，连服 2~3 次，即能有效缓解便秘。

感冒三餐推荐

早餐	午餐	晚餐

生姜葱白红糖汤
（鸡蛋饼）

原料： 葱白带根须 25 克，生姜 25 克，红糖适量。

做法： ❶将带根须的葱白洗净；生姜洗净，切成大片。❷将葱白和生姜片放入锅内，加一碗水煎开。❸放适量红糖，趁热服下。

糙米橘皮柿饼汤
（豆角焖米饭、水果沙拉）

原料： 糙米 50 克，橘子皮 10 克，柿饼 30 克，姜丝 10 克。

做法： ❶橘子皮洗净，切丝；将铁锅烧热，放入糙米迅速翻炒片刻后，改成小火继续炒熟，要避免将糙米炒黑。❷换成砂锅，将炒熟的糙米、橘子皮、姜丝、柿饼一同放入，加清水，大火煮沸后即可。

莲藕橙汁
（米饭、莲藕炖豆角）

原料： 莲藕 100 克，橙子 1 个。

做法： ❶莲藕洗净后削皮，切小块；橙子切成 4 等份，去皮后剥成瓣，去子。❷将莲藕、橙子和适量纯净水放入榨汁机榨汁即可。

营养功效 此汤可驱寒、散热，帮助患感冒的新妈妈发汗，让鼻塞情况有所好转。

营养功效 此汤可去痰、止咳，所用材料都是可食用的，对于产后新妈妈来说是安全和放心的。

营养功效 莲藕中含有丰富的维生素、矿物质和膳食纤维，可以预防新妈妈感冒。

虚弱无力三餐推荐

早餐

枣莲三宝粥
（煮鸡蛋）

原料： 绿豆 20 克，大米 80 克，莲子、红枣各 5 颗，红糖适量。

做法： ❶绿豆、大米淘洗干净；莲子、红枣洗净。❷将绿豆和莲子放在带盖的容器内，加入适量开水闷泡 1 小时。❸将泡好的绿豆、莲子放锅中，加适量水烧开，再加入红枣和大米，用小火煮至豆烂粥稠，加适量红糖调味即可。

营养功效 绿豆利湿除烦，莲子安神强心，红枣补血养血，三者同食，可以益气强身。

午餐

菠萝鸡翅
（米饭、西红柿培根蘑菇汤）

原料： 鸡翅中 5 个，菠萝 1/2 个，白糖、盐、料酒、高汤各适量。

做法： ❶鸡翅中清洗干净，沥干水分；菠萝果肉切小块；油锅烧热，放入鸡翅中，煎至两面金黄后取出。❷锅内留底油，加白糖，炒至溶化并转金红色，再倒入鸡翅中，加入盐、料酒、高汤，大火煮开。❸加入菠萝块，转小火炖至汤汁浓稠即可。

营养功效 菠萝鸡翅中富含维生素、矿物质、蛋白质等营养成分，可使新妈妈增体力、长精力。

晚餐

三丝黄花羹
（馒头、南瓜蒸肉）

原料： 干黄花菜 50 克，鲜香菇 5 个，冬笋、胡萝卜各 25 克，盐、白糖、植物油各适量。

做法： ❶将干黄花菜放入温水中泡软，剪去老根，洗净，沥干水。❷鲜香菇、冬笋、胡萝卜均洗净，切丝。❸油锅烧热，放入黄花菜和冬笋、香菇、胡萝卜快速煸炒。❹加入清水、盐、白糖，用小火煮至黄花菜入味，完全熟透。

营养功效 香菇和水发焯熟后的黄花菜具有很强的滋补作用，可以补脾健胃，大补元气。

首都儿科研究所营养研究室主任、研究员
中国优生科学协会理事
吴光驰 主编

凤凰出版传媒集团科学类图书经典品牌
汉竹编著 ● 亲亲乐读系列

婴儿养育
一天一页

时间只负责流动，而我，负责育你成长，
亲爱的宝贝，你负责健康快乐。

江苏凤凰科学技术出版社｜凤凰汉竹
全国百佳图书出版单位

39健康网
www.39.net
倾力推荐

定价
49.80 元

《婴儿养育一天一页》

这是一本能让你见证宝宝成长点滴，并迅速学会如何带好宝宝的书。每天一页，涵盖整个婴儿期，紧跟宝宝每一天的不同成长需求：第 1 天，给宝宝尝尝珍贵的初乳；第 30 天，宝宝准备打疫苗了；第 88 天，帮助宝宝翻身；第 160 天，宝宝出牙了……在这里，每一天你应该怎样做，都能得到首都儿科研究所专家最权威的指导。本书关注宝宝养育的同时，也同样关注每一个家庭的情感需求。告诉新妈妈、新爸爸如何与宝宝相处，给他最幸福的安全感。

定价

58.00 元

《因为宝宝 爱上摄影》

一个专业摄影妈妈，32 个月的拍摄经验，从女儿出生那一刻开始，忠实记录孩子的童年。从年初到年尾，从早到晚，600 多张照片，用爱诠释摄影的观察与记录。67 个摄影情景，从吃饭到睡觉，从室内到室外……丰富的摄影技巧，融入在吃饭、穿衣、玩耍的日常生活中，不知不觉间，便学会了摄影。从现在起，为了宝宝，爱上摄影，成为他最好的摄影师。

图书在版编目（CIP）数据

怀孕40周同步营养三餐 / 曾珊编著 . -- 南京：江苏凤凰科学技术出版社，2015.7
（汉竹·亲亲乐读系列）
ISBN 978-7-5537-4502-2

Ⅰ . ①怀… Ⅱ . ①曾… Ⅲ . ①孕妇－妇幼保健－食谱
Ⅳ . ① TS972.164

中国版本图书馆 CIP 数据核字 (2015) 第 091639 号

中国健康生活图书实力品牌

怀孕 40 周同步营养三餐

编　　　著	曾　珊	
主　　　编	汉　竹	
责 任 编 辑	刘玉锋　　张晓凤	
特 邀 编 辑	卢丛珊　　王　杰	
责 任 校 对	郝慧华	
责 任 监 制	曹叶平　　方　晨	

出 版 发 行	凤凰出版传媒股份有限公司
	江苏凤凰科学技术出版社
出版社地址	南京市湖南路 1 号 A 楼，邮编：210009
出版社网址	http://www.pspress.cn
经　　　销	凤凰出版传媒股份有限公司
印　　　刷	南京精艺印刷有限公司

开　　　本	715mm×868mm　1/12
印　　　张	17
字　　　数	120 千字
版　　　次	2015 年 7 月第 1 版
印　　　次	2015 年 7 月第 1 次印刷

标 准 书 号	ISBN 978-7-5537-4502-2
定　　　价	39.80 元

图书如有印装质量问题，可向我社出版科调换。